Ɣ Ϛᴦʮɹᒣɨω Ɨþɹωᒣȣ ᴦɞ
Φεdəεbᴦʮ

ɞɸ

ɸɘᴦω ⅃ɘɨƆɘᑭ

ɹʮd

Ləᴦɞᴏᴅᴦȣ ᗡɘƨƨɘИȣωɘ

Ɣ Ꮯʳᓄꓒ˥ɨω Ɨƿɗω˥8 ʳɞ Φεdəεbʳᓄ

The text was set using LuaLaTeX. The typeface is a modified version of Baskerville by Apple Inc.

ISBN-13: 978-1-71685-205-3

The Deseret Alphabet

𐐀 𐐨 beet

𐐁 𐐩 bait

𐐂 𐐪 cot

𐐃 𐐫 caught

𐐄 𐐬 coat

𐐅 𐐭 coot

𐐆 𐐮 kit

𐐇 𐐯 bet

𐐈 𐐰 cat

𐐉 𐐱 Boston

𐐊 𐐲 cut

𐐋 𐐳 book

𐐌 𐐴 ice

𐐍 𐐵 cow

𐐎 𐐶 walk

𐐏 𐐷 yes

𐐐 𐐸 hit

𐐑 𐐹 pea

𐐒 𐐺 bee

𐐓 𐐻 tea

𐐔 𐐼 Deseret

𐐕 𐐽 cheer

𐐖 𐐾 Joshua

𐐗 𐐿 key

𐐘 𐑀 gag

𐐙 𐑁 fee

𐐚 𐑂 vital

𐐛 𐑃 thin

𐐜 𐑄 then

𐐝 𐑅 see

𐐞 𐑆 zoo

𐐟 𐑇 fish

𐐠 𐑈 measure

𐐡 𐑉 rat

𐐢 𐑊 lake

𐐣 𐑋 Mary

𐐤 𐑌 nice

𐐥 𐑍 sing

For more information see
http://www.deseretalphabet.info/About.html

Ωϑɥʅʌɥʅ8

1 | Ɣ Ͻʀbəɬʀφə ʀɞ Ɨɬφɹφɨʅʀɬȣ

Ɨɬʅφʀdʀɷbʀɬ

Ɣɹφ ɨɞ ɬʀʟɨи ɬɷ ʀɬdʀφ ɣ ȣʀɬ, ȣɹɞ ɣ Ȣφȣʀʅ. Ɬɵφ ɨɞ ɣ ȣʀɬ ɨʅȣɹʅp ɬɷ, ɷə ɔφʅ ɹd. ɹɞ ʅɵи ɹɞ ʅφp φɹɞ ɨώɞɨȣʅʀd ɵɬ ʀφʟ, ɨʅ φɹɞ ȣɨɬ ɨɷȣɿɵɞd ʅɷ φɛdəɛbʀɬ pφʀɔ ɣ ȣʀɬ, ȣo ɣɹʅ ʅφp ɹɬd φɛdəɛbʀɬ ɵφ oʅd ʀɷɷɛɬʅʀɬȣʀɞ ɹɬd φɹɞ ʅʀφɬd ʅɷ ʅɨɞ ʅʀώɹɣʀφ.

Ɯə ɵφ ʀɷʀȣʅʀɔd ʅɷ ʅʠɷɨи ʀɿɵɬ ȣʀɬʅφʅ ɹɞ ȣʀϽʟɨи ώqd, ɤɷȣpʀʅ, ɹɬd dʀɞφʀφʀȣʀʅ, ɹɬd ȣʀφʅʀɬʅə ɷə ɷqd ɬɵʅ ʅɨɞ ʅɵи ɷɨʟὼʅ ɨʅ. Ɣ ɹɬʀφʠə ʀɞ ȣʀɬʅφʅ ɷɵφɔɞ ɣ ʀφʟ, ʅφʀdɵȣʀɞ ɣ ɷɨɬdɞ ɣɹʅ ʅɹɬd ʅɷ əɷɷʀʅφɞ ʀφʟ'ȣ ʅɹϽɿʀφʀϽʀφɞ, ɨɞɹɿʀφɛʅȣ ɣ obʀɬɞ ɹɬd ʅφʀdɵȣʀɞ φɛɬ ɹɬd pφɹb ɷɵʅʀφ. Ͻɵȣʅ ɨϽɿɵφʅʀɬʅ ʀɞ ɵʅ, ɨʅ ȣʀɿʅφɞ φɷʀʅ ɨɞ ɬədʀd pɵφ ώφəɬ ʅʅɹɬʅȣ ʅɷ ɷʀɬȣʀφʅ ɷəφȣʀɬ dφəɷȣφd ɹɬd ɷɵʅʀφ ɨɬʅɷ pɷd ɹɬd əɷɨȣʠʀɬ, ϽɛɷɨИ ɨʅ ʅəɨɨȣʀʅ pɵφ ɵʅ ɹɨɨϽʀʅ ʅφp (ɨɬɷʅɷdɨи ώφȣɹʅɞ) ʅɷ ʅɨɞ.

Ɣɹʅ ȣʀɬʅφʅ φɹɞ ɨʅȣ dɛɬʠʀφɞ, ʅɷ. ʅɨɞʀφdɞ ʀȣɵɨd ɣ dʀφɹɷʅ φɛɞ ʀɞ ɣ ɬɵɬdɛ ȣʀɬ ɵɬ ɣ dɹɞʀφʅ, ɹɬd ɷə ώφȣɹʅɞ ʅɛɷ ʅφʀɷɵbʀɬɞ ʀώɹɬȣʅ ȣʀɬȣʀφɬ ɹɬd ȣʀɬȣʅφɵɷ.

Ɣ ȣɛϽ dɨȣɨȣʀɬ ɨɬʅɷ ώqd ɹɬd ȣɹd ɨɞ ʅɷ ȣ pώɬd ɨɬ ɷʀɬɹɷbʀɬ ɷɨɣ ʀɣʀφ pɵφɔɞ ʀɞ φɛdəɛbʀɬ—pɵφɔɞ ʀɞ φɷɨϽ ϽɹɬɷφɬD φɹɞ oɬʅə φəȣʀɬʅʅə ȣʀɷʀϽ ʀɷɹφ. Ȣʀϲ φɛdəɛbʀɬɞ, ʅφʀdɵȣʅ ȣφ φɛdəoɹɷʅɨɞʅə ɨɬ ɣ ȣɵɨʅ ɹɬd φəϽɨи ʀɞ pφʀϽ ώʅʀφ ȣʅɛȣ, φɹɞ ɵʅȣo ȣɨɬ ɷɨɣ ʀɞ pφʀϽ ɣ ȣʀώɨɨи ʀɞ ʅφϽ. Ɣɛ ɵφ Ͻɵφ ɹɬʀφʠɹʅɨɷ ɣɹɬ ȣʀɬʅφʅ, φώɹȣʀφ, ɹɬd ɷɹɬ dɷ Ͻɵφ dɹϽʀʠ, ɹɬd ȣʀɷʀɞ ώφ ȣɹɬȣʀɞ dɷ ɬɵʅ dʀʅɹɷʅ ɣɹϽ, ɷə φɹɞ ɬɵʅ ʅʀφɬd ʅɷ ʅɛɷ ʅφʀɷɵbʀɬɞ ʀώɹɬȣʅ ɣɹϽ.

ʅɷ ȣ bʠφ, ɹɬʀφʠɹʅɨɷ φɛdəɛbʀɬ ɨɞ ʅφɹɞʀɬʅ ɨɬ ɬɛϽʀφ ɨɬ oɬʅə

ɞᴧɸə 8ɔθʅ ɼɔȯɥʅ8 ⅃ɥd ɨ6 ɥθʅ, ɣᴧɸρθɸ, ɔɼc ɼɞ ɵ dɛɥɕɼɸ. Ɔ⅃ɥ, φȯᴧɞɼɸ, φ⅃6 ɣ ϖɼ⅂⅃8ɨʅə ɼɞ ɨɔɨʅɛʅɨᴎ ɥɛcɼɸ. [θᴎ ɼώo ɨɥ dɨɔ ⅂ɸəφɨ8ʅɼɸə, ρθɸ ɨɥ8ʅɼɥ8, φə ʅɼɸɥd ʅϖ ɔ⅃ɥɣɼρ⅃ϖcɼɸ ɵ ϖɸɥd ɼɞ 8ɼɥʅɸʅ 8ɸ 8ᴧʅɨᴎ ϖqd ⅃ɥd ɼɣɼɸ ρɣϖɼʅ6 θɥ ρɸɼɸ. Ɣɨ8 ɨɥ8ɵʅ8d ɵ ɥϖ ϖɸɥd ɼɞ ώqd ⅃ɥd 8⅃d. Ɵ φoʅ ɥϖ ʅᴧϖɥɵʅɼɕə 8ɼϖɛɔ ⅂θ8ɨ8ɼʅ, θɥ ɣ ϖɼɥ φ⅃ɥd, ⅃ɥd, θɥ ɣ ɼɣɼɸ, ɣ c⅃ɥ8 ɼɞ dᴧʟ 8ɸ 8ɼɸɥɨᴎ ϖɼ6 θʅ8o ⅂θ8ɨ8ɼʅ. Ɣ ώqd ɨɥ ɣɨ8 ϖɛ8 ρθɸ ȯʅϖɛ6 ɣ əɞɨʅ.

Ɨɥ ȯɸ oɥ ʅϖᴧɥʅəɼʟ 8ᴧɥcɼɸə, ɔ⅃ɥϖɸɥd ʅɼɸɥd ʅϖ ⅂ɸɼdϖ8 ᴧɥɼɸɕᴧʅɨϖ ɸɛdəɛbɼɥ ɨɥ ϖθɥ8ɼɥʅɸɛbɼɥ6 ρθɸ 8ɼɸ⅂⅃8ɨᴎ ɣo6 ϖə ɣϖsɼϖɼʅə ɨɥϖȯɥʅɼɸ ɨɥ ɥɛcɼɸ. ɼώᴧɥ, ɵ ɥϖ ʅᴧϖɥɵʅɼɕə ɨ6 ɸɼ6ɼʅɨᴎ ⅃ɥd ɼώᴧɥ ɣᴧɸ ɨ6 ɣ ⅂θ8ɨ8ɨʅɨə ɼɞ dᴧʟ.

Ɣ 8⅃ʅɼɥ8 ɨɥ ɣɨ8 8ᴧϖɼɥd ɨɥ8ʅɼɥ8 ɨ6 ʅᴧ8 8ɼɸʅɼɥʅə ɨɥ ρɛɞɼɸ ɼɞ ɣ ώqd oɞɼɸ ɣ əɞɨʅ. ʅϖ bɨρʅ ɣ 8⅃ʅɼɥ8 ϖʅɨɸʅə ɨɥ ρɛɞɼɸ ɼɞ ɣ ώqd, ɨʅ ɨ6 ɥᴧ8ɼ8ᴧɸə ρθɸ ɔ⅃ɥϖɸɥd ʅϖ ʅɼɸɥ ⅃6 ɔɼc ⅃6 ⅂θ8ɨ8ɼʅ ɼ8ȯʅ ɣ ɥϖ dɛɥɕɼɸ6 ɨɥ θɸdɼɸ ɣ⅃ʅ ϖə ɔɸʅ ɔɨɥɨɔɸ6 ɣᴧɔ ⅃ɥd ɔθ8ʅ ɨρᴧϖʅɨ8ʅə ώθɸd ɼώᴧɥ8ʅ ɣᴧɔ.

ʅϖ 8ə ɣ ɥɛcɼɸ ɼɞ ɣ dɛɥɕɼɸ, ʅᴧʅ ɼ8 8ɼώɨɥ 8ɸ ϖɼɥ8ɨdɼɸɨᴎ ʅɨ8ɨᴎ ʅɨbϖ ɨʅ8ᴧʅρ—ɣ ʅɨ8ɨᴎ ʅɨbϖ ɣ⅃ʅ ɔɼ8ʅ ϖɨʟ8ʅ⅃ɥd ɣ ɸɛdəɛbɼɥ ⅃ɥd ɣ⅃ʅ ϖ⅃ɥ 8 d⅃ɔɼɕd 8ɸ ɨʅ.

8ᴧʅ6 ⅃ɥd Ϣɸoɔɼ8oɔ6

Ɣ ⅃ɞɼɸɼɕ φɣϖɔɼɥ ɼdɼʅʅ ϖɼɥ8ɨ8ʅ8 ɼɞ ɼ8ȯʅ 50 ʅɸɨʅɣɼɥ *8ᴧʅ6*— 50 ʅɸɨʅɣɼɥ ɔɸϖɸɼ8ϖθ⅂ɨϖ, ɔθɸ θɸ ʅᴧ8 8ᴧʅρ-ϖɼɥʅɛɥd, 8ʅθ86 ɼɞ ʅɸρ. Φə 8ɼώɨɥ6 ʅɸρ, φȯᴧɞɼɸ, ⅃6 ɵ 8ɨᴎώɼʅ 8ᴧʅ, ɣ *ρɼɸʅɼʅɸ6d oɞɼɔ.*

⅃ρʅɼɸ ɣ ρɼɸʅɼʅɸ6d oɞɼɔ ɨ6 ρθɸɔd, ɨʅ dɨɞɸd6 ⅃ɥd 8ɼϖɼɔ6 ʅϖ 8ᴧʅ6. Əc dθʅɼɸ 8ᴧʅ dɨɞɸd6 ʅϖ ⅂ɸɼdϖ8 ɵ ʅoʅɼʅ ɼɞ ρθɸ 8ᴧʅ6, ⅃ɥd əc ɼɞ ɣo6 dɨɞɸd6 ⅃ɥd 8o θɥ.

Ɣᴧɸ ɨ6 ɵ φɸ dɼώɸə ɼɞ θɸdɼɸ ⅃ɥd dɼɸᴧϖbɼɥ ʅϖ ɣo6 dɨɞɨsɼɥ6. Φϖᴧɥ ɵ φɣϖɔɼɥ ρɼɸʅɼʅɸ6d oɞɼɔ ϖɼɔ⅂ʅəʅ8 ɨʅ8 dɨɞɨsɼɥ6 ⅃ɥ ɼdɼʅʅ φɣϖɔɼɥ 8əɨᴎ ɨ6 ɣ ɨɥᴧɞɨʅɼ8ɼʅ ɸɼ6ɼʅʅ. Ɣ ρɼɸʅɼʅɸ6d oɞɼɔ ɼɞ ɵ ɕɼɸ⅃ρ ϖɨʅ ⅂ɸɼdϖ8 ɵ ɕɼɸ⅃ρ, ɣ⅃ʅ ɼɞ ɵ ρɸϖʅ ρʅɸ ϖɨʅ ⅂ɸɼdϖ8 ɵ ρɸϖʅ ρʅɸ, ⅃ɥd 8o θɥ. Ɣᴧɸ ɵɸ ɥo ɔɨ8ʅɛϖ8, 8o ɨʅ ɨ6 ϖϖɸʅ ϖʅɨɸ ɣ⅃ʅ ɣ ρɼɸʅɼʅɸ6d oɞɼɔ ɔɼ8ʅ ϖᴧɸə "ɨɥ8ʅɸɼϖbɼɥ6" ɣ⅃ʅ ώɸd ɨʅ8 dɼɞᴧʅɼ⅂ɔɼɥʅ ɨɥ ɣ ɼ⅂ɸo⅂ɸəɼʅ dɼɸᴧϖbɼɥ.

Ɣɘɕ "ɨɥɓʅфʏѡbʏɥɕ" ɘф ѡʏɥʅɛɥd ɨɥ ɣ ɓɹʅ'ɕ *ѡфоɔʏɓоɔɕ*, ʅфɥɘ ɓʅфʏѡcʏфɕ ɣɹʅ ʏɪɨф ɔоɓʅ ѡʅɨфʅɘ (ʅфѡ ɓʅʏɓɘ ɓɪʅɓ ʏɓ ʅɹɨɯ́ʏʅd ɓɪʏώɹʅɘ) фѡɹɥ ɣ ɓɹʅ ɪɕ ɨɥ ɣ ɹѡcʏѡʏʅ ʅфоɓɹɓ ʏɓ dɪɓɪɕʏɥ. ɘc ɓɪɘbɘɕ фɹɕ ɓʏc ѡɹфʏѡʅʏфɨɓʅɨѡ ɥʏɔɓʏф ʏɓ ѡфоɔʏɓоɔɕ ɨɥ ɨʅɓ ɓɹʅɕ, ɹɥd ɣɘɕ ѡфоɔʏɓоɔɕ ѡɹɥ ɓ ѡʏɥɓɪdʏфd ɨɥ ʅɹфɕ. Ψɤфоɔʏɥ ɓɹʅɕ, ƿоф ɨɥɓʅʏɥɓ, ѡʏɥʅɛɥ 23 ʅɹфɕ ʏɓ ѡфоɔʏɓоɔɕ—46 ɨɥ оʅ.

Ψѡɹɥ ɘ ɓɹʅ ɪɕ ʏɥdʏфώоɪɯ dɪɓɪɕʏɥ (*ɔфʅоɓɪɓ*), ɣ ɥʏɔɓʏф ʏɓ ѡфоɔʏɓоɔɕ ɪɕ ʅɹɔʅʏфɹфɨʅɘ dʏɓʏʅd, ɹɕ ɘc ѡфоɔʏɓоɔ ɓфɨɯɕ ʏɓɘ́ ɣ ƿофɔɛbʏɥ ʏɓ ɘ фɹʅʅɨѡʏ ʏɓ ɨʅɓɹʅƿ. (Ɣɪɓ ʅфоɓɹɓ ɪɕ ѡоʅd *фɹʅʅɪѡɛbʏɥ*.) Ɨɕ ɣ ɓɹʅ dɪɓфdɕ, ɣ ѡфоɔʏɓоɔɕ ɘф ɘɓʏɥʅɘ bɹфd ɓф ɣ ɥо ɓɹʅɕ ɨɥ ɓʏc ɘ ѡɛ ɣɹʅ ɨƿ ɘ ʅʏфʅɨѡɤʏʅʏф ѡфоɔʏɓоɔ ώоɕ ɨɥʅо ѡʏɥ dоʅʏф ɓɹʅ, ɨʅɓ фɹʅʅɨѡʏ ώоɕ ɨɥʅо ɣ ʏɣʏф. Ɨɥ ɣ ɹɥd, ɘc ɓɹʅ фɹɕ ɘ ѡʏɔʅʅɘ ɓɹʅ ʏɓ ʅɹфɕ ʏɓ ѡфоɔʏɓоɔɕ; ɹɥd ɣ ɓɹʅ ɨɥ ɘc ɓɹʅ ɪɕ фdɹɥʅɨѡʏʅ ѡɪɣ ɣ ɓɹʅ ɨɥ ɣ ʏфɨɕɥʏʅ ɓɹʅ ɓɪʏƿоф dɪɓɪɕʏɥ.

Ɨɥ ɣɪɓ ѡɛ, ɣ ƿʏɥdʏɔɹɥʅʏʅ "ɨɥɓʅфʏѡbʏɥɕ" ɣɹʅ dʏʅʏфɔɨɥ ɣ ѡɹфʏѡʅʏфɨɓʅɨѡɓ ʏɓ ɘ ɓɹʅ ɘф ʅɹɓʅ оɥ ʅо ɘc ɥо ɓɹʅ. Фdɘʏʅɘ, оʅ ɣ ʅфɨʅɤʏɥɕ ʏɓ ɓɹʅɕ ɨɥ ɘ ʅʏфʅɨѡɤʏʅʏф фɤфоɔʏɥ ɓɘɪɯ фɹɓ фdɹɥʅɨѡʏʅ

Ɔфıоɓıɓ

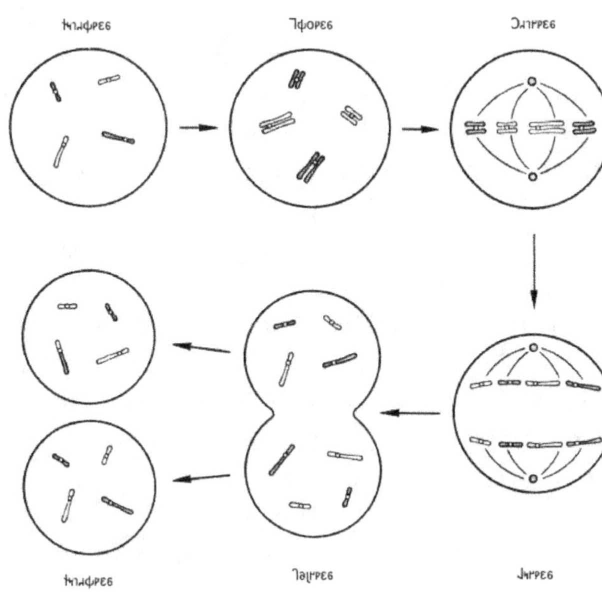

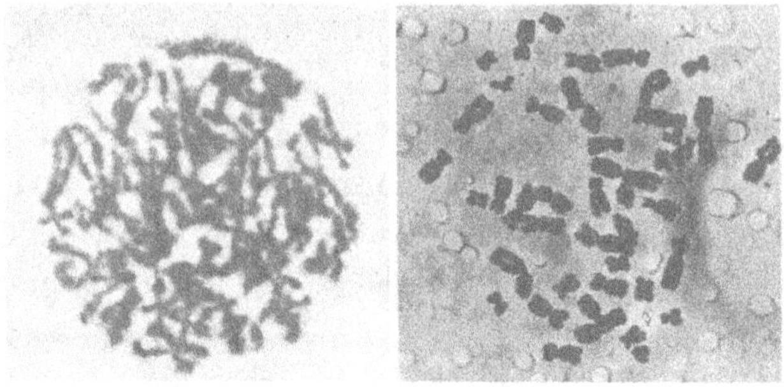

Ꞁo ɞʅᴦdə ɷɸoɔᴦɞoɔɞ, ɞᶑᴦɲʅɪɞʅɞ ɑᴦώɪɲ ωɪɣ ɵ ɞʌʅ ɣɅʅ ɪɞ ɪɲ ɣ ɿɸɵɞʌɞ ᴦɞ dɪɞᶑdɪɴ, ɸωʌɲ ɷɸoɔᴦɞoɔɞ ɵɸ ɪɲ ɣʌɸ ɔoɞʅ ɞɪɞɪɑᴦʅ ρoɸɔ. Ɣʌɲ ɣɛ ʅɸəʅ ɣ ɞʌʅ ωɪɣ ɵ ɷʌɔɪɷᴦʅ, ɵ dᴦɸɪɞᴦʅɪɞ ᴦɞ ɷɵʅϲᴦɞəɲ, ʅo ᴦɸʌɞʅ ɣ ɞʌʅ dɪɞɪsᴦɲ Ʌʅ ɣ ɔʌʅᴦρɛɞ ɞʅɛϛ (ɞə ɔᶑʅoɞɪɞ dᶑᴦώɸɅɔ ɵɲ ɿɸᴦɞədɪɴ ɿɛϛ). Ɣɪɞ ɑɸɪɴɞ ɵ ɸᴦɞᴦʅɪ ʅᶑɷ ɣ ρoʅoɔᶑɷɸoώɸɅρ ᴦɑᴦɞ; ɣ ɷɸoɔᴦɞoɔɞ ɵɸ ɞɪɞɪɑᴦʅ ɑᴦʅ ɞʅɪʅ ʅo ɣɅɴώᴦʅd ʅo ɑ ɷɵɲʅᴦd ɵɸ ɔʌsᴦɸd. Ɣʌɲ ɣ ɞʌʅ ɪɞ ʅɸəʅᴦd ωɪɣ ɵ ʅo-ɷɵɲɞᴦɲʅɸɛbᴦɲ ɞoʅɪ ɞᴦʅobᴦɲ, ɸωɪϲ ɞωʌʅɞ ɣ ɷɸoɔᴦɞoɔɞ Ʌɲd dɪɞɿᴦɸɞᴦɞ ɣʌɔ ɞo ɣɛ ɑᴦɷᴦɔ dɪɞʅɪɴɷʅ ɞʅɸᴦɷϲᴦɸɞ, Ʌɞ ɑᴦʅo.

ɞʌʅɞ ᴦɞ “ɨɲɞʅɸᴦɷbᴦɲɞ”.*

ʌɲɞᶑɔɞ Ʌɲd Ϛəɲɞ

Əϲ ɞʌʅ ɨɞ ɵ ʅᶑɲə ɷʌɔɨɷᴦʅ ρɅɷʅᴦɸə ɨɲ ɸωɨϲ ɞʌɞᴦɸᴦʅ ʟόɞᴦɲd dɨρᴦɸᴦɲʅ ɷᶑɲdɞ ᴦɞ ɷʌɔɨɷᴦʅ ϲɛɲϛᴦɞ ɵɸ ɷɵɲɞʅᴦɲʅʅə ʅɛɷɨɴ ꞁʅɛɞ ᴦɔᴦɴ ɣ ɲɵɔᴦɸᴦɞ ɞɵɸʅɞ ᴦɞ ɔɵʅᴦɷ٧ɵʅɞ ɣɅʅ ɔɵɞ ᴦɞὁʅ ɨɲ ɨʅɞ ρʅɵɨd ɵɸ ɣɅʅ ɵɸ ꞁɨɲd ʅo ɨʅɞ ɞɵʅɨd ɞʅɸᴦɷϲᴦɸɞ. Ɣəɞ ɷʌɔɨɷᴦʅ ϲɛɲϛᴦɞ ɵɸ ώᶑdᴦd Ʌɲd ɷᴦɲʅɸoʅd ɞᶑ ɣ ɨώɞɨɞʅᴦɲɞ ᴦɞ Ʌɞ ɔʌɲə ʟόɞᴦɲdɞ ᴦɞ dɨρᴦɸᴦɲʅ *ʌɲɞᶑɔɞ* ωɨʟɨɲ ɣ ɞʌʅ.

ʌɲɞᶑɔɞ ꞁᴦɞʌɞ ʅɵɸϛ ɔɵʅᴦɷ٧ɵʅɞ ɞɨʅ ᴦꞁ ᴦɞ ɞᴦɔ 20 dɨρᴦɸᴦɲʅ, ɞᴦʅ ɷʌɔᴦɷᴦʅə ɸᴦʅɛʅᴦd, ٧ɵɲɨʅɞ ɷɵʅd *ᴦɔəɲo Ʌɞɨdɞ*. Ə ꞁᴦɸʅɨɷ٧ᴦʅᴦɸ ʌɲɞᶑɔ ɔɵʅᴦɷ٧ɵʅ ɔɛ ɷᴦɲʅɛɲ ɵ ɞɨɴώᴦʅ ᴦɔəɲo Ʌɞɨd ᴦɞ ωᴦɲ ʅᶑꞁ, ρᶑɞ ᴦɞ ᴦɲᴦɣᴦɸ, ɞʌɞᴦɸᴦʅ dᴦɞᴦɲ ᴦɞ ɞʅɨʅ ᴦɲᴦɣᴦɸ Ʌɲd ɞo ɵɲ. Ɵʅ ɣ ٧ɵɲɨʅɞ ɵɸ ɞʅɸᴦɴ ʅᴦώʌɣᴦɸ ɨɲ ɞᴦɔ ɞꞁᴦɞɨρɨɷ ꞁɅʅᴦɸɲ ɨɲ ωᴦɲ ʅɵɴ ϲɛɲ, ɵɸ ɨɲ ɵ ɞɔɵʅ ɲᴦɔɞᴦɸ ᴦɞ ɷʅoɞʅə ɷᴦɲʌɷʅᴦd ϲɛɲɞ.

ʌɞɸə dɨρᴦɸᴦɲʅ ꞁɅʅᴦɸɲ ᴦɞ ᴦɔəɲo Ʌɞɨdɞ ρɵɸɔɞ ɵ ɔɵʅᴦɷ٧ɵʅ ωɨɣ ɨʅɞ oɲ ɞʌʅ ᴦɞ ꞁɸɵꞁᴦɸʅəɞ, Ʌɲd ɣʌɸ ɵɸ Ʌɲ ɨɲɵɸɔᴦɞ ɲᴦɔɞᴦɸ ᴦɞ ꞁɅʅᴦɸɲɞ ꞁɵɞɨɞᴦʅ. Ɨɲ Ʌɲ ʌɲɞᶑɔ ɔɵʅᴦɷ٧ɵʅ ɔɛd ᴦꞁ ᴦɞ 500 ᴦɔəɲo

*Ƥɵɸ ɔɵɸ dəʅɛʅ ᴦɞὁʅ ɞʌʅ dɪɞɨsᴦɲ, ɞə *Φɛdəoᶑɞᴦʅoɿɞ Ʌɲd ʅᶑρ Ꞁɸɵɞʌɞᴦɞ*, ᴦɲᴦɣᴦɸ ɞϙɷʅᴦʅ ɨɲ ɣɨɞ ɞɨɸəɞ.

ɹɐıdɕ, ɣ ʮɼɔɐɼɸ ɼɐ ɿɐɐʮɐɼʅ ɿɹʅɼɸʮɕ ɷɹʮ ɐ ʮɷɐɿɸʌɐʅ ɐɸ ɐ 1 ƿɐʅɔd ɐɸ 1100 ɕʮɸɔɕ (10^{1100}).

ꓥɐɸɐ ɐʌʅ ɸɹɕ ɣ ɷɼɿɹɐʮʅɐ ɼɐ ɕɷɐʮɴ ɼɔɼɴ ɣʮɐ ɼʮɔɹɕɸʮɼɐɼʅ ʮɼɔɐɼɸ ɼɐ ɿɐɐʮɐɼʅ ɿɹʅɼɸʮɕ ɹʮd ɐɼʅʌɷʮʮ ɣɔɕ ɷʌɸɼɷʅɼɸʮɐʅʮɷ ɼɐ ʮʅɐʌʅƿ. Ꜧʅ ɣʌɸƿɔɸ ʌʮdɕ ɷʮɣ ɐ ɷɐɔɿʅʅɼɔɼʮʅ ɼɐ ɐɿɼɐʮƿʮɷ ʌʮɕɸɔɕ ɣʮʅ ɷ̇ɸd ʮʅɐ ɔʮ ɷʌɔʮɷɼʅ ɕɛʮɕɼɕ ɹʮd, ɷɐʮɐɼɷɷʌʮʅʅɐ, ʮʅɐ ɿɸɐɿɼɸʅɐɕ ɹʮd ʮʅɐ ɐɼɸɛɐɣɼɸ. Ɣ "ʮʮɐʅɸɼɷbɼʮɕ" ɣʮʅ ʮʮɛɐɼʅ ɐ ƿɼɸʅɼʅɸɕd ɔɐɼɔ ʅɷ dɼɐʌʅɼʅ ʮʮ ɣ ɿɸɐɿɼɸ ɔɹʮɼɸ ɐɸ ʮɐʌʮɕɼʅɐ "ʮʮɐʅɸɼɷbɼʮɕ" ƿɔɸ ɕɷɐʮɴ ɐ ɿɼɸʅʮɷɣɼʅɼɸ ɐʌʅ ɼɐ ʌʮɕɸɔ ɿɹʅɼɸʮɕ ɐ̇ʅ ɼɐ ɷʅ ɣɔɕ ɿɐɐʮɐɼʅ.

Ɣ dʮƿɼɸɼʮɐɼɕ ʮʮ ɣ ʌʮɕɸɔ-ɷ̇ɸdɼd ɐɼɸɛɐɣɼɸ ɼɐ ɣ ɐʌʅɕ ɔɛɷʮɴ ɼʅ dʮƿɼɸɼʮʅ ɐɿɐbɐɕ bɔ ɣʌɔɐʌʅɐɕ ʮʮ dʮƿɼɸɼʮɐɼɕ ʮʮ ɐɐdɐ ɐʅɸɼɷɕɼɸ. Ꞷɐ ɷɹʮɐʅ ɷɼɔɿʅɐʅʅɐ ƿɐʅɔ ɣ ʅɷʮ ɹʮd ʮʅɸʮɷɼʅ ɕɛʮ ɼɐ ɷɐɕ-ɹʮd-ʮƿʌɷʅ ɣʮʅ ʅɐdɕ ƿɸɼɔ ɷɼʮ ɐʌʅ ɼɐ ʌʮɕɸɔɕ ʅɷ ɣ ʅɷʮ ʮʌɷ ɼɐ ɐ ɕɼɸʮƿ ɹʮd ƿɸɼɔ ɼʮɼɣɼɸ ɐʌʅ ɼɐ ʌʮɕɸɔɕ ʅɷ ɣ ʅɐɸɕ ɐɸɛʮ ɼɐ ɐ ɔʮʮ, ɐɼʅ ɷɐ ɐɸ bɐɸ ɣʮʅ ɣ ɕɛʮ ʮɕ ɣʌɸ. Ꝺɐɼʮ ɷʮɼʮ ɐ ɐɿɐbɐɕ, dʮƿɼɸɼʮʅ ʮdʮɐʮɕɼɷɼʅɕ ɷʮʅ ɸɹɐ ɐʅɸʅ dʮɐʅʮʮɷbɼʮɕ ɼɔɼʮ ɣʌɸ ɐʌʅɐ ɼɐ ʌʮɕɸɔɕ ɹʮd ɣʮɐ ɼɷ̇ʮʅɐ ƿɔɸ ɣ ƿɹɷʅ ɣʮʅ ʮɔ ʅɷ ɷʅ ʅʌɕ ɣ ɕɔɸ ɐʅɼɐɸɐ ɐʅɣ ɕɹʮ ɕɔɼɐʌʅɼ ɐʅ ɐʅʅɐ ɸʮɣ ɼɔɼʮ

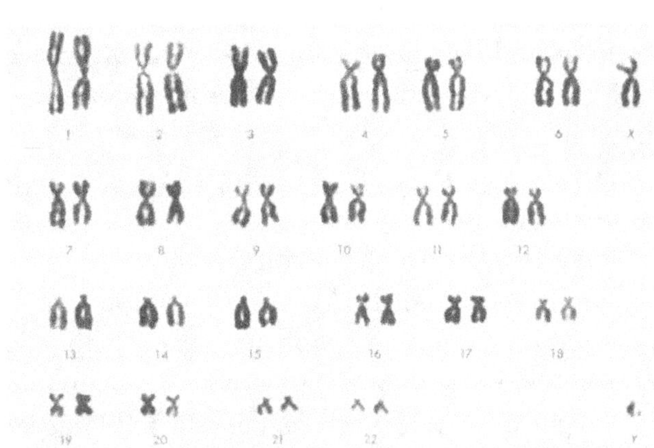

Ɣ ɐʌʅɼɸɼʅ ɷɸɔɔɼɐɔɔɕ ʮʮ ɐ dʮɐɸdʮ ɐʌʅ ɐɸ ƿɔʅɼɸɸɹƿʅ ɹʮd ɣʌʮ ɷɹʮ a ɸdʌʮʅʮƿɸd ɐɸ ɣʌɸ ɔɐɼɸɔʅ ʅʌʮɷʅ, ɣ ʅɼɐbɼʮ ɼɐ ɣ ɐʌʅʅɼɔɐɸ, ɐɸ ʅɔʮʮ ɸɷʌɸ ɣ ʅɷ ɐʅɸɹʮdɕ ɕɔʮ, ɹʮd ɼɣɼɸ ɷʌɸɼɷʅɼɸʮɐʅʮɷɐ. Ɣ ƿɔʅɔɔɸɸɔɸɸɹƿ ɷɹʮ ɣʌʮ a ɷɼʅ ɼʅɐɸʅ ɹʮd ɣ ɷɸɔɔɼɐɔɔɕ ɷ̇ɸɔʅ ʮʮ ɐ ɷʌɸɔɔʅɸʅ, ɸɷʮɕ ʮɕ ɹʮ ɼɸɛʮɕɔɼʮʅ ɼɷɔɸdʮʮ ʅɷ ɐ ɐʅɹʮdɼɸd ɷʅɹɐƿʮɷɛbɼʮ ʅɷ bɔ ɷɸɔɔɼɐɔɔ ɷɐɔʅʅɼɔɼʮʅ ɹʮd ɹɐʮɸɔɹʅʅɐɕ. Ɣ ɷʌɸɔɔʅɸʅ ɼʌɼɐ ʮɕ ɼɐ ɐ ʅɸɔɼʅ ɔɛʅ, ɐʅʮɐ ʅʅ bɔɕ X ɹʮd Y ɐʌʅɐ ɷɸɔɔɼɐɔɔɕ ɹʮd 22 ʅʌɸɕ ɼɐ ɼɣɼɸ, ɐʅɼɐɔɔɼʅ, ɷɸɔɔɼɐɔɔɕ. Ɓɸ ɷɐʮʅɸɹɐʅ, ɣ ɐʌʅɕ ʮʮ ɣ ɼɼɼɸ ʅɼɐɷɕɼɸɕ ɐɸ ɹɐʮɸɔɼʅ, ɷʮɣ ɔʮʅɐ 45 ɷɸɔɔɼɐɔɔɕ ɐɕ.

𐐸𐐷𐐭𐑋𐐲𐑌 𐐺𐐨𐐮𐑍𐑆 𐐪𐑉 𐐮𐑀𐑆𐐰𐐿𐐻𐑊𐐨 𐐲𐑊𐐴𐐿 (𐑊𐐨𐑂𐐮𐑍 𐐴𐐼𐐯𐑌𐐻𐐮𐐿𐐲𐑊 𐐻𐐶𐐮𐑌𐑆 𐐵𐐻 𐐲𐑂 𐐿𐐲𐑌𐑅𐐮𐐼𐐲𐑉𐐩𐑇𐐲𐑌).

𐐀𐐽 𐐿𐑉𐐬𐑋𐐲𐑅𐐬𐑋 𐐿𐐰𐑌 𐐺 𐐿𐐲𐑌𐑅𐐮𐐼𐐲𐑉𐐼 𐐰𐑆 𐐺𐐨𐐮𐑍 𐐿𐐲𐑋𐐹𐐬𐑆𐐼 𐐲𐑂 𐑅𐑋𐐫𐑊 𐑅𐐯𐐿𐑇𐐲𐑌𐑆 𐐿𐐫𐑊𐐼 *𐐾𐐨𐑌𐑆*, 𐐷𐐭𐑈𐐲𐐶𐐲𐑊𐐨 𐐹𐐮𐐿𐐽𐐲𐑉𐐼 𐐰𐑆 𐐺𐐨𐐮𐑍 𐑅𐐻𐑉𐐲𐑍 𐐲𐑊𐐫𐑍 𐑄 𐑊𐐯𐑍𐐿𐑃 𐐲𐑂 𐑄 𐐿𐑉𐐬𐑋𐐲𐑅𐐬𐑋. 𐐀𐐽 𐐾𐐨𐑌 𐐮𐑆 𐐿𐐲𐑌𐑅𐐮𐐼𐐲𐑉𐐼 𐐻𐐭 𐐺 𐑉𐐲𐑅𐐹𐐫𐑌𐑅𐐮𐐺𐐲𐑊 𐑁𐐫𐑉 𐑄 𐑁𐐫𐑉𐑋𐐩𐑇𐐲𐑌 𐐲𐑂 𐐪 𐐽𐐩𐑌 𐐲𐑂 𐐲𐑋𐐨𐑌𐐬 𐐰𐑅𐐮𐐼𐑆 𐐮𐑌 𐐪 𐑁𐐮𐐿𐑅𐐻 𐐹𐐰𐐻𐐲𐑉𐑌. 𐐜 𐑁𐐫𐑉𐑋𐐩𐑇𐐲𐑌 𐐮𐑆 𐑀𐐴𐐼𐐲𐐼 𐐺𐐴 𐑄 𐐼𐐨𐐻𐐩𐑊𐑆 𐐲𐑂 𐑄 𐐾𐐨𐑌’𐑆 𐐬𐑌 𐑅𐐻𐑉𐐲𐐿𐐽𐐲𐑉 (𐐸𐐶𐐮𐐽 𐐪𐑉 𐑄 “𐐮𐑌𐑅𐐻𐑉𐐲𐐿𐑇𐐲𐑌𐑆” 𐐲𐑉𐑊𐐨𐐲𐑉 𐑉𐐲𐑁𐐲𐑉𐐼 𐐻𐐭). 𐐜𐐮𐑅 𐐾𐐨𐑌 𐑅𐐻𐑉𐐲𐐿𐐽𐐲𐑉, 𐐸𐐶𐐮𐐽 𐐿𐐰𐑌 𐐺 𐐻𐑉𐐰𐑌𐑅𐑊𐐩𐐻𐐲𐐼 𐐮𐑌𐐻𐐭 𐐰𐑌 𐐯𐑌𐑆𐐴𐑋’𐑆 𐑅𐐻𐑉𐐲𐐿𐐽𐐲𐑉, 𐐮𐑆 𐑌𐐵 𐐿𐐫𐑊𐐼 𐑄 *𐐾𐐲𐑌𐐯𐐻𐐮𐐿 𐐿𐐬𐐼*.

𐐆𐑁 𐐪 𐐹𐐲𐑉𐐻𐐮𐐿𐐷𐐲𐑊𐐲𐑉 𐐯𐑌𐑆𐐴𐑋 (𐐫𐑉 𐑀𐑉𐐭𐐹 𐐲𐑂 𐐯𐑌𐑆𐐴𐑋𐑆) 𐐮𐑆, 𐑁𐐫𐑉 𐐯𐑌𐐨 𐑉𐐨𐑆𐐲𐑌, 𐑁𐐫𐑉𐑋𐐼 𐐮𐑋𐐹𐐲𐑉𐑁𐐲𐐿𐐻𐑊𐐨 𐐫𐑉 𐑌𐐫𐐻 𐐰𐐻 𐐫𐑊, 𐑄𐐮𐑅 𐑋𐐩 𐑇𐐬 𐐲𐐹 𐐰𐑆 𐑅𐐲𐑋 𐑂𐐮𐑆𐐮𐐺𐐲𐑊 𐐰𐐺𐑌𐐫𐑉𐑋𐐰𐑊𐐮𐐻𐐨 𐐲𐑂 𐑄 𐐺𐐫𐐼𐐨—𐐰𐑌 𐐮𐑌𐐲𐐺𐐮𐑊𐐮𐐻𐐨 𐐻𐐭 𐑅𐐨 𐐿𐐲𐑊𐐲𐑉, 𐑁𐐫𐑉 𐐮𐑌𐑅𐐻𐐲𐑌𐑅, 𐐫𐑉 𐑄 𐐹𐐲𐑆𐐯𐑇𐐲𐑌 𐐲𐑂 𐐻𐐭 𐐾𐐫𐐮𐑌𐐻𐑅 𐐮𐑌 𐐨𐐽 𐑁𐐮𐑍𐑀𐐲𐑉 𐑉𐐰𐑄𐐲𐑉 𐑄𐐰𐑌 𐑃𐑉𐐨. 𐐆𐐻 𐐮𐑆 𐑋𐐲𐐽 𐐨𐑆𐐨𐐲𐑉 𐐻𐐭 𐐲𐐺𐑆𐐲𐑉𐑂 𐑁𐐮𐑆𐐮𐐿𐐲𐑊 𐐼𐐮𐑁𐐲𐑉𐐲𐑌𐑅𐐲𐑆 𐑄𐐰𐑌 𐑅𐐲𐑋 𐐼𐐯𐑊𐐮𐐿𐐲𐐻 𐐽𐐩𐑌𐐾 𐐮𐑌 𐑄 𐐯𐑌𐑆𐐴𐑋 𐐹𐐰𐐻𐐲𐑉𐑌 𐐲𐑂 𐑄 𐑅𐐯𐑊𐑆. 𐐖𐐨𐑌𐑆 𐐪𐑉 𐑄𐐯𐑉𐑁𐐫𐑉 𐐷𐐭𐑈𐐲𐐶𐐲𐑊𐐨 𐑉𐐲𐑁𐐲𐑉𐐼 𐐻𐐭 𐐺𐐴 𐑄 𐐺𐐫𐐼𐐨 𐐽𐐩𐑌𐐾 𐑄𐐩 𐐺𐑉𐐮𐑍 𐐲𐐺𐐵𐐻, 𐐰𐑌𐐼 𐐶𐐲𐑌 𐐿𐐰𐑌, 𐑁𐐫𐑉 𐐮𐑌𐑅𐐻𐐲𐑌𐑅, 𐑅𐐹𐐨𐐿 𐐲𐑂 𐐪 “𐐾𐐨𐑌 𐑁𐐫𐑉 𐐿𐐲𐑊𐐲𐑉 𐐺𐑊𐐴𐑌𐐼𐑌𐐲𐑅”.

𐐂 𐐾𐐨𐑌 𐑋𐐩 𐐮𐑀𐑆𐐮𐑅𐐻 𐐮𐑌 𐐻𐐭 𐐫𐑉 𐑋𐐫𐑉 𐑂𐐲𐑉𐐴𐐲𐐻𐐨𐑆, 𐐨𐐽 𐐹𐑉𐐲𐐼𐐭𐑅𐐮𐑍 𐐪 𐑅𐑊𐐴𐐻𐑊𐐨 𐐼𐐮𐑁𐐲𐑉𐐲𐑌𐐻 𐐯𐑌𐑆𐐴𐑋, 𐐪 𐑅𐐮𐐽𐐭𐐩𐑇𐐲𐑌 𐑄𐐰𐐻 𐐮𐑆 𐑉𐐲𐑁𐑊𐐯𐐿𐐻𐐲𐐼, 𐐮𐑌 𐐻𐐲𐑉𐑌, 𐐮𐑌 𐑅𐑊𐐴𐐻 𐐽𐐩𐑌𐐾𐐲𐑆 𐐮𐑌 𐐺𐐫𐐼𐐨 𐐿𐐯𐑉𐐲𐐿𐐻𐐲𐑉𐐮𐑅𐐻𐐮𐐿𐑅. 𐐜𐐲𐑅, 𐑄𐐯𐑉 𐐪𐑉 𐐾𐐨𐑌𐑆 𐑀𐐲𐑂𐐲𐑉𐑌𐐮𐑍 𐐴 𐐿𐐲𐑊𐐲𐑉, 𐐶𐐲𐑌 𐐲𐑂 𐐸𐐶𐐮𐐽 𐐮𐑆 𐑅𐐲𐑁𐐮𐑇𐐲𐑌𐐻𐑊𐐨 𐐮𐑋𐐹𐐫𐑉𐐻𐐲𐑌𐐻 𐐻𐐭 𐐺 𐐿𐐲𐑌𐑅𐐮𐐼𐐲𐑉𐐼 𐐪 “𐐾𐐨𐑌 𐑁𐐫𐑉 𐐺𐑊𐐭 𐐴𐑆” 𐐰𐑌𐐼 𐐲𐑌𐐲𐑄𐐲𐑉 𐐪 “𐐾𐐨𐑌 𐑁𐐫𐑉 𐐺𐑉𐐵𐑌 𐐴𐑆”. 𐐎𐐲𐑌 𐐫𐑉 𐑄 𐐲𐑄𐐲𐑉, 𐐺𐐲𐐻 𐑌𐐫𐐻 𐐺𐐬𐑃, 𐐶𐐮𐑊 𐐺 𐑁𐐵𐑌𐐼 𐐮𐑌 𐐪 𐑅𐐹𐐲𐑅𐐮𐑁𐐮𐐿 𐐹𐑊𐐩𐑅 𐐫𐑌 𐐪 𐑅𐐹𐐲𐑅𐐮𐑁𐐮𐐿 𐐿𐑉𐐬𐑋𐐲𐑅𐐬𐑋.

𐐜 𐐻𐐭 𐐿𐑉𐐬𐑋𐐲𐑅𐐬𐑋𐑆 𐐲𐑂 𐐪 𐐹𐐲𐑉𐐻𐐮𐐿𐐷𐐲𐑊𐐲𐑉 𐐹𐐯𐑉 𐑀𐐲𐑂𐐲𐑉𐑌 𐐴𐐼𐐯𐑌𐐻𐐮𐐿𐐲𐑊 𐑅𐐯𐐻𐑅 𐐲𐑂 𐐿𐐯𐑉𐐲𐐿𐐻𐐲𐑉𐐮𐑅𐐻𐐮𐐿𐑅. 𐐒𐐬𐑃, 𐑁𐐫𐑉 𐐮𐑌𐑅𐐻𐐲𐑌𐑅, 𐐶𐐮𐑊 𐐸𐐰𐑂 𐐪 𐐹𐑊𐐩𐑅 𐑁𐐫𐑉 𐐾𐐨𐑌𐑆 𐑀𐐲𐑂𐐲𐑉𐑌𐐮𐑍 𐐴 𐐿𐐲𐑊𐐲𐑉. 𐐆𐑁 𐐶𐐨 𐐿𐐲𐑌𐑅𐐮𐐼𐐲𐑉 𐐬𐑌𐑊𐐨 𐑄 𐑋𐐬𐑅𐐻 𐐮𐑋𐐹𐐫𐑉𐐻𐐲𐑌𐐻 𐐲𐑂 𐑄 𐑂𐐲𐑉𐐴𐐲𐐻𐐨𐑆 𐐮𐑌𐑂𐐫𐑊𐑂𐐼, 𐑄𐐬𐑆 𐐫𐑌 𐐨𐐽 𐐿𐑉𐐬𐑋𐐲𐑅𐐬𐑋 𐐲𐑂 𐑄 𐐹𐐯𐑉 𐑋𐐩 𐐺 𐐴𐐼𐐯𐑌𐐻𐐮𐐿𐐲𐑊; 𐐺𐐬𐑃 𐑋𐐩 𐐺 𐑁𐐫𐑉 𐐺𐑊𐐭 𐐴𐑆 𐐫𐑉 𐐺𐐬𐑃 𐑋𐐩 𐐺 𐑁𐐫𐑉 𐐺𐑉𐐵𐑌 𐐴𐑆. 𐐆𐑌 𐑄𐐰𐐻 𐐿𐐩𐑅, 𐑄 𐐮𐑌𐐼𐐮𐑂𐐮𐐾𐐲𐐶𐐲𐑊 𐐮𐑆 *𐐸𐐬𐑋𐐬𐑆𐐴𐑀𐐲𐑅* 𐑁𐐫𐑉 𐑄𐐰𐐻 𐐿𐐯𐑉𐐲𐐿𐐻𐐲𐑉𐐮𐑅𐐻𐐮𐐿 𐐰𐑌𐐼 𐑋𐐩 𐐺 𐑉𐐲𐑁𐐲𐑉𐐼 𐐻𐐭 𐐰𐑆 𐐪 *𐐸𐐬𐑋𐐬𐑆𐐴𐑀𐐬𐐻*. 𐐜 𐐿𐑉𐐬𐑋𐐲𐑅𐐬𐑋𐑆 𐐲𐑂 𐑄 𐐹𐐯𐑉 𐑋𐐩 𐐿𐐰𐑉𐐨 𐐼𐐮𐑁𐐲𐑉𐐲𐑌𐐻 𐑂𐐲𐑉𐐴𐐲𐐻𐐨𐑆: 𐐂 𐐾𐐨𐑌 𐑁𐐫𐑉 𐐺𐑊𐐭 𐐴𐑆 𐐫𐑌 𐐶𐐲𐑌 𐐿𐑉𐐬𐑋𐐲𐑅𐐬𐑋 𐐰𐑌𐐼 𐐶𐐲𐑌 𐑁𐐫𐑉 𐐺𐑉𐐵𐑌 𐐴𐑆 𐐫𐑌 𐑄 𐐲𐑄𐐲𐑉. 𐐜 𐐮𐑌𐐼𐐮𐑂𐐮𐐾𐐲𐐶𐐲𐑊 𐐮𐑆 𐑄𐐯𐑌 *𐐸𐐯𐐻𐐲𐑉𐐬𐑆𐐴𐑀𐐲𐑅* 𐑁𐐫𐑉 𐑄𐐰𐐻 𐐿𐐯𐑉𐐲𐐿𐐻𐐲𐑉𐐮𐑅𐐻𐐮𐐿 𐐰𐑌𐐼 𐑋𐐩 𐐺 𐑉𐐲𐑁𐐲𐑉𐐼 𐐻𐐭 𐐰𐑆 𐐪 *𐐸𐐯𐐻𐐲𐑉𐐲𐑆𐐴𐑀𐐬𐐻*. 𐐤𐐰𐐽𐐲𐑉𐐲𐑊𐐨, 𐐹𐐲𐑉𐐻𐐮𐐿𐐷𐐲𐑊𐐲𐑉 𐐮𐑌𐐼𐐮𐑂𐐮𐐾𐐲𐐶𐐲𐑊𐑆 𐑋𐐩 𐐺 𐐸𐐬𐑋𐐬𐑆𐐴𐑀𐐲𐑅 𐑁𐐫𐑉 𐑅𐐲𐑋 𐐻𐐴𐐹𐑅 𐐲𐑂 𐐿𐐯𐑉𐐲𐐿𐐻𐐲𐑉𐐮𐑅𐐻𐐮𐐿𐑅 𐐰𐑌𐐼 𐐸𐐯𐐻𐐲𐑉𐐬𐑆𐐴𐑀𐐲𐑅 𐑁𐐫𐑉 𐐲𐑄𐐲𐑉𐑆.

Ψωɹʼn ɹʼn ɨʼndɨɞɨɕᴦωᴦʅ ɨ6 φɹʅᴦφo6ɸώᴦɞ ρθφ ɵ Ꞁᴦφʅɨωʋᴦʅᴦφ ωɹφᴦωʅᴦφɨɞʅɨω, ɨʅ ρφəωωᴦʼnʅʅə φɹꞀᴦʼn6 ɣɹʅ φə bo6 ɣ ɨρɹωʅ ᴦɞobəɛʅᴦd ωɨɣ oʼnʅə ωᴦʼn ᴦɞ ɣ ɕəʼn ɞᴦφɸᴦʅə6. Ɨρ φə Ꞁᴦ6ɹɞᴦ6 ɞoʟ ɵ ɕəʼn ρθφ ɞφȯʼn ɸ6 ɹʼnd ωᴦʼn ρθφ ɞʅφ ɸ6, φɨ6 ɸ6 ɵφ ɕᴦɞʅ ɹ6 ɞφȯʼn ɹ6 ɣo φə φɹd ωɹφəd ʅφ ɕəʼn6 ρθφ ɞφȯʼn ɸ6. Ɣ ɕəʼn ρθφ ɞφȯʼn ɸ6 ɨ6 *dəɔɪʼnᴦʼnʅ* ɨʼn ɣɨɞ ωɛɞ φωɸᴦʅ ɣ ɕəʼn ρθφ ɞʅφ ɸ6 ɨ6 *ɸᴦɞɹɞɪɞ*.

Ꞁɹɸᴦʼnʅɞ ɹʼnd Oᴘɞɿɸɪᴎ

Ψȯ dᴦ6 ɣ ρᴦφʅᴦʅɸ6d oɞᴦɔ ᴦɞʅɛʼn ɨʅɞ Ꞁᴦφʅɨωʋᴦʅᴦφ ɞɹʅ ᴦɞ ωφoɔᴦɞoɔ6 ɨʼn ɣ ρᴦφɞʅ Ꞁʅɛɞ?

Əc ᴦdᴦʅʅ Ꞁᴦ6ɹɞᴦ6 ώoʼnɹd6 ɨʼn φωɨc *ɞɹωɞ ɞɹʅ6* ɵφ ρθφɔd. Ɨʼn ɣ ɔɛʅ, ɞꞀᴦφɔ ɞɹʅ6 ɵφ ρθφɔd ɨʼn ɣ ʅɹɞʅə6; ɨʼn ɣ ρəɔɛʅ, ɛώ ɞɹʅ6 ɵφ ρθφɔd ɨʼn ɣ oɞᴦφə6.

Ɨʼn ɣ ρθφɔɛbᴦʼn ᴦɞ ɣ ɞꞀᴦφɔ ɞɹʅ6 ɹʼnd ɛώ ɞɹʅ6 ɣɹφ ɨ6 ɵ ωə ɞʅɹꞀ—*ɔɸoɞɪɞ*—ɵ ɞɹʅ dɨɞɨsᴦʼn ɨʼn φωɨc ɣ ωφoɔᴦɞoɔ6 ώφʘꞀ ɨʼnʅφ Ꞁɹφ6 ɹʼnd ɵφ ɣɹʼn ᴦꞀθφbᴦʼnd ɞᴦʅωəʼn ɣ dθʅᴦφ ɞɹʅ6, ωᴦʼn ᴦɞ əc Ꞁɹφ ʅφ əc ɞɹʅ. ɞᴦc ɵ dɨɞɨsᴦʼn, ᴦʼnᴦωᴦɔꞀᴦʼnəd ɞɸ φɹꞀʅɨωɛbᴦʼn, ɔəʼn6 ɣɹʅ ɨʼn Ꞁʅɛɞ ᴦɞ ɣ ʋʘsᴦωᴦʅ 23 Ꞁɹφ6 ᴦɞ ωφoɔᴦɞoɔ6 ɨʼn əc ᴦɣᴦφ ɞɹʅ, əc ɞɹωɞ ɞɹʅ φɹ6 23 ɨʼndɨɞɨɕᴦωᴦʅ ωφoɔᴦɞoɔ6, ɵ "φɹρ-ɞɹʅ", ɞo ʅφ ɞꞀəω.

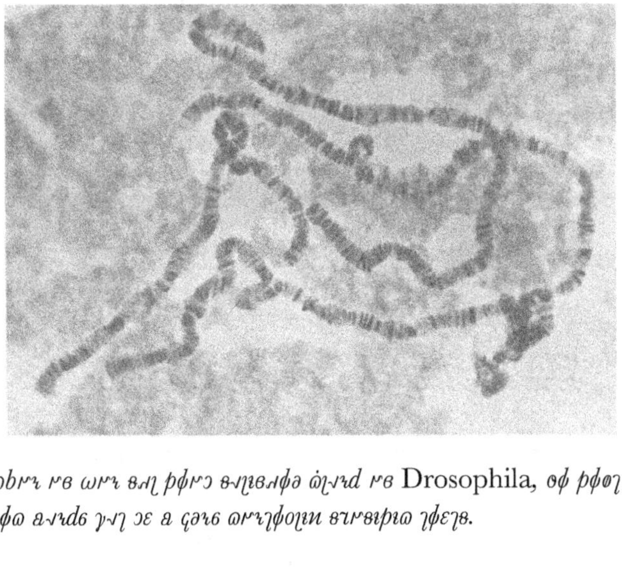

ɞʅɛʼnd ɞɹωbᴦʼn ᴦɞ ωᴦʼn ɞɹʅ ρφᴦɔ ɞɹʅɪɞɹφə ώʅɹʼnd ᴦɞ Drosophila, *θφ ρφʘʅ ρʅɸ6, ɸᴦɞəʅ6 dəφω ɞɹʼnd6 ɣɹʅ ɔɛ ɞ ɕəʼn6 ωᴦʼnʅφoʅɪᴎ ɞꞀᴦɞɪρɪω ʅφɛʅɞ.*

Ɨɴ γ ꞁφɵɞɹɞ ɼɞ ƿɼφɿɨɭɛɛbɼɴ, ɵ ɞꞁɼφɔ ɞɹɭ ƿφɼɔ γ ƿɵγɼφ ɹɴɿɼφɞ ɹɴd ɔɼφçɼɞ ωɨγ ɹɴ ɛώ ɞɹɭ ƿφɼɔ γ ɔɼγɼφ. Ꮙ ƿɼφɿɼɭφɞd ɵɞɼɔ γɹɿ φɼɞɼɭɞ ɴό φɹɞ ɵ ƿɥɭ ɞɹɿ ɼɞ 23 ꞁɹφɞ ɼɞ ωφɵɔɼɞɵɔɞ, ɞɼɿ ɼɞ ɘɔ ꞁɹφ, ωɼɴ ωɼɔɞ ƿφɼɔ γ ƿɵγɼφ ɹɴd ωɼɴ ƿφɼɔ γ ɔɼγɼφ.

Ɨɴ γɨɞ ωɛ, ɘɔ ɴɸɞɵφɴ cφɼɭd ɨɞ ɵ ꞁφɷ ɴdɨɞɨçɼωɼɿ, ωɨγ ɨɿɞ ωɹφɼωɿɼφɨɞɿɨωɞ ɞɛɞ ɵɴ ɵ φɹɴdɼɔ φɘbɼƿɼɭɨɴ ɼɞ ωφɵɔɼɞɵɔɞ. Ɨɴ ƿɵφɔɨɴ γ ɞɹωɞ ɞɹɭɞ, γ ωφɵɔɼɞɵɔ ꞁɹφɞ ωɹɴ ɞɹꞁɼφɛɿ ɨɴ φγɼφ ƿɹbɼɴ (*ə* ɨɴɿɷ ɞɹɭ 1 ɹɴd *ɛ* ɨɴɿɷ ɞɹɭ 2, ɵφ ɞφɞ ɞɼφɞɼ). Ɨƿ ɘɔ ɼɞ 23 ꞁɹφɞ dɼɞ γɨɞ φɹɴdɼɔɭɘ, ɴɨφɭɘ 10 ɔɨɭɥɼɴ dɨƿɼφɼɴɿ ωɵɞɔɨɴɛbɼɴɞ ɼɞ ωφɵɔɼɞɵɔɞ ɞφ ꞁɵɞɨɞɼɿ ɨɴ γ ɞɹωɞ ɞɹɭɞ ɼɞ ɵ ɞɨɴώɼɿ ɴdɨɞɨçɼωɼɿ.

Ƿɼφγɼφɔɵφ, ωɼɴ ωɹɴ'ɿ ꞁφɼdɨωɿ φωɨc ωφɵɔɼɞɵɔ ωɵɞɔɨɴɛbɼɴ ɨɴ γ ɞꞁɼφɔ ɞɹɭ ωɨɭ ɹɴd ɼꞁ ɨɴ ωɵɞɔɨɴɛbɼɴ ωɨγ φωɨc ɨɴ γ ɛώ ɞɹɭ, ɞɵ γɹɿ ɞφ γɨɞ φɘɛɼɴɨɴ, ɵ ɞɨɴώɼɿ ɔɹφɘd ωɼꞁɼɿ ωɥd ꞁφɼdɵɞ cɨɭdφɼɴ ωɨγ ɹɴɞ ɼɞ 100 ꞁφɨɭɥɼɴ (100,000,000,000,000) ꞁɵɞɨɞɼɿ ωφɵɔɼɞɵɔ ωɵɞɔɨɴɛbɼɴɞ.

Ɨꞁ ɨɞ γɨɞ γɹꞁ ɞɼώɨɴɞ ꞁɷ ɨωɞꞁɭɛɴ γ ɹɴdɭɼɞ ɞɼφφɼꞁɘ ɼɔɼɴ ɭɨɞɨɴ ɞɵɨɴɞ, ɘɞɼɴ ωɨɭɨɴ ɵ ꞁɼφɿɨωɥɼɿɼφ ɞꞁɘbɘɞ.

Ɨꞁ ɵɴɭɘ ɞɼώɨɴɞ ꞁɷ ɨωɞꞁɭɛɴ ɨꞁ, ɞɼωɼɞ γɹφ ɞφ ɼγɼφ ɞɵφɞɼɞ ɼɞ dɨƿɼφɼɴɞ, ꞁɷ. Ꮎ ωφɵɔɼɞɵɔ ɨɞ ωɛꞁɼɞɼɿ ɼɞ ɨωɞcɛɴçɨɴ ꞁɵɞɼɞ ωɨγ ɨɿɞ ꞁɹφ, ꞁφɼdɵɞɨɴ ωφɵɔɼɞɵɔɞ ωɨγ ɵ ɞφɹɴd ɴɵ ꞁɹɿɼφɴ ɼɞ çɘɴ ɞɼφφɼꞁɘɞ. Ɓɼƿɵφ ɞɼc ɵ *ωφɵɞɵɞɼφ*, ωɼɴ ωφɵɔɼɞɵɔ ɔɛ φɹɞ ωɹφɘd ɵ çɘɴ ƿɵφ ɞɭɷ φɞ ɹɴd ωɼɴ ƿɵφ ωɛɞɘ φɹφ, φωφɼɭ γ ɼγɼφ ωφɵɔɼɞɵɔ ɔɛ φɹɞ ωɹφɘd ɵ çɘɴ ƿɵφ ɞφόɴ φɞ ɹɴd ωɼɴ ƿɵφ ɞɿφɛɿ φɹφ. Ɖƿɼɿɼφ γ ωφɵɞɵɞɼφ, ωɼɴ ωɥd ωɹφɘ çɘɴɞ ƿɵφ ɞɭɷ φɞ ɹɴd ɞɿφɛɿ φɹφ, γ ɼγɼφ ƿɵφ ɞφόɴ φɞ ɹɴd ωɛɞɘ φɹφ.

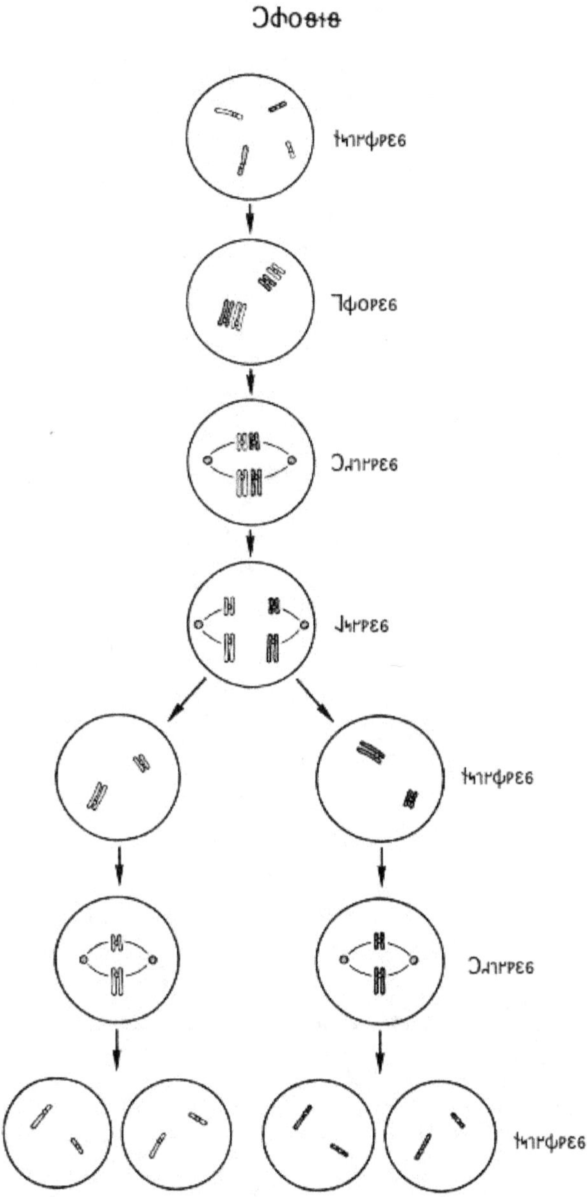

2 | Ɔɤφ]ɛbɼʯɕ

8ɼdɼʯ Cɛɣɕ

[illegible]

ωqd dʌpɨʌɩlə ʙ ʙlɷ-ȸd. Ɨʌ ɣɨɘ ωɛ, ʅɷ ʙφǿʌ-ȸd ɿʌφrʌɩɘ ɔȸʅ φʌɘ ɘ ʙlɷ-ȸd cȸrld ʌʌd ɣɨɘ ωqd ɩɷʅ ʙ ɘ ɔʌɷʅɛbrʌ. Ɨp ɣ ɿʌφrʌɩɘ' ʌʌɘʌɘʅφə ωrφ ʅφɛɘʅ pɾφɣɾφ ʙʌω, ʙlɷ-ȸd ɨʌdɨɘɨçrωɾlɘ ωqd rʌdǿɾrdlə ʙ pǿʌd ɵʌ ʙol ɘȸdɘ rɘ ɣ pʌɔɨlə ʅφə.

Ɨp, φǿʌɘrφ, ɣʌφ ωrφ ʌo φʌωrφd rɘ, ɘɛ, ʌʌɵʟɨɪ ʙɾɿ ʌɵφɔrl ωrlrφ ɘɨɘrʌ ɨʌ ɘ cȸrld'ɘ ʌʌɘʌɘʅφə, ʌʌd φə ωrφ ʙɵφʌ ωrlrφ-ʙlȸʌd, ɣʌʅ ωqd ʙ rɘɵɔd ʅɷ ʙ ɣ φrɘrl rɘ ɘ ɔʌɷʅɛbrʌ. ɘrc ɘ ɔʌɷʅɛbrʌ ωqd ɣʌʌ ʙ ɿʌɘʅ ɵʌ ʙȸ ɣ ʌɵφɔrl ɔodɘ rɘ ɨʌφʌφɨʅrʌɘ ʌʌd ɘ ɘrφʅrʌ ɿφrɿɵφbrʌ rɘ ɣ cȸrld'ɘ ɨʙʌʌcɷrl drɘʌʌdrʌɩɘ ωqd ʙ ωrlrφ-ʙlȸʌd.

Ɵ ɔʌɷʅɛbrʌ ɔɛ ʙ rɘobɘɛʅrd ωɨɣ cɛʌçrɘ ɨʌ ωφɵɔrɘɵɔ ɘʅφrωcrφ ɘrpɨbrʌɩlə dφʌɘʅɨω ʅɷ ʙ ɘɨɘɨʙrl rʌdrφ ɣ ɔȸωφrɘωɵʅ. ɘrc *ωφɵɔrɘɵɔ ɔʌɷʅɛbrʌɘ* ωʌʌ rφȸɘ ɨʌ ɘʌɘrφrl ωɛɘ. Ωφɵɔrɘɵɔɘ ɔɛ rʌdrφώ φʌʅlɨωɛbrʌ ωɨʟǿ ɣ ɘʌl ɨɘʌlp dɨɘȸdɨɪ. Ɨʌ ɣʌʅ ωɛ, ɘʌlɘ ωʌʌ drɘʌlɾɿ ωɨɣ ʅɷ, ʟφə, ɵφ pɵφ ʅȸɔɘ ɣ ʌɵφɔrl ωɘɔʅlrɔrʌʅ rɘ ωφɵɔrɘɵɔɘ, ʌʌd ɵφώrʌɨɘɔɘ ɔɛd ɾɿ rɘ ɘʌlɘ dɨɘʅlɛɨɪ ɘrc *ʅɵʅɘʅʅɵɨdɘ* ωʌʌ ʙ ɔɘφωrdlə dɨprφrʌʅ pφrc ɣ ʌɵφɔ. Ɣɨɘ ɘɨcɷɛbrʌ ɨɘ pǿʌd cɘplə rɔrɪ ʅlʌʌɘ ʌʌd rɔrɪ ɘrɔ ώφɷʅɘ rɘ ɨɘrφʅlrʙφɛlɘ. Ɨʅ drɘ ʌɵʅ ʌɷɵɘrωrlə rωrφ ɨʌ ɔʌɔrlɘ, ʌʌd φωʌʌ ɨʅ drɘ ɨʅ ladɘ ʅɷ ωωɨω dʌʟ.

Ɩʌɘ ɨωɘʅφəɔ cɛʌçrɘ ʅɛω ʅlɛɘ, ʅɷ, ʌɘ φωʌʌ ɘ ɿrφʅɨωʌrlrφ ωφɵɔrɘɵɔ ʙφɛωɘ ʌʌd pɛlɘ ʅɷ φəʌɷʌʅ, ɵφ φωʌʌ ɘʌɘrφrl ʙφɛω ʌʌd ɣʌʌ φəʌɷʌʅ ɨωrφʌωlə. Ɍʌdrφ ɘrc ωrʌdɨbrʌɘ, ɣ ɔʌωrʌɨɘɔ ʙȸ φωɨc ωφɵɔrɘɵɔɘ ɵφ dɨɘʅφɨɘʌɵʅrd rɔrɪ ɣ dɵʅrφ ɘʌlɘ ɨɘ ʌɵʅ lȸωlə ʅɷ ωrφω ωrφʌωlə. ɘʌɷɘ ɘʌlɘ ɔɛ ɣʌʌ ʙ ɿφrdɵɘʅ ωɨɣ ɘ ɿɘɘ rɘ ωφɵɔrɘɵɔ (ɵφ ɘ φɵl ωrʌ) ɔɨɘɨɪ, ɵφ ωɨɣ ʌʌ ʌωɘʅφr ɿɘɘ (ɵφ φɵl ωφɵɔrɘɵɔ) ʅφʌɘrʌʅ.

Ɨʌ 1959, ɘrc ɘ ɘɨcɷɛbrʌ ωrɘ pǿʌd ʅɷ ɨώɘɨɘʅ ɨʌ ɣ ωɛɘ rɘ ɿrφɘrʌɘ ɘrprφɨɪ pφrc ɘ lɵɪ-ʌɵʌ dɨɘɘɘ ωɵld Ꮚǿʌ'ɘ ɘɨʌdφɵɔ.* Ɗc ɿrφɘrʌ ɘo rplɨωʅrd φʌɘ 47 ωφɵɔrɘɵɔɘ ɨʌ ʅlɛɘ rɘ ɣ ʌɵφɔrl 46. Ɨʅ ʅrφʌd ǿ ɣʌʅ ɣ ɘɨɘʅ ɿʌφ rɘ ωφɵɔrɘɵɔɘ (ɷɵɘɨɪ ɘ ωrʌɘʌʌcrʌ φωʌφʙȸ ɣ ωφɵɔrɘɵɔ ɿʌφɘ ɵφ ʌrɔʙʌrφd ɨʌ ɵφdrφ rɘ drωφɵɘɨɪ ɘȸɘ) ωrʌɘɨɘʅɘ rɘ ʟφə ɨʌdɨɘɨçrωrlɘ φʌɣrφ ɣʌʌ ʅɷ. Ɣ ɨώɘɨɘʅrʌɘ rɘ ɣɨɘ ωφɵɔrɘɵɔ ʌʌʌɵφɔʌlʅə ωɨφʅə drɔrʌɘʅφɛʅrd φωrl φʌd ɿφəɘʌrɘlə ɘɨʌ ɘʅφɵɨɪlə ɘrɘʅlʌωrd—

---

*Ɣɨɘ ɨɘ ɔɘφ ωɘɔrʌlə ʌɵʌ ʌɘ "Ɔɘɨώrlɨɘɔ" ɵφ "Ɔɘɨώɵlərʌ ɨdɘrɘ" ɣo ɨʅ φʌɘ ʌrʟɨɪ ʅɷ dɷ ωɨɣ ɣ Ɔɘɨώɵlərʌ ɿɘʅrl.

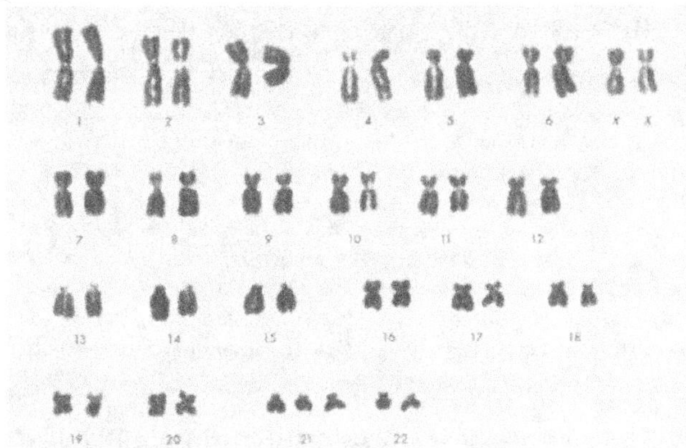

Ѡɹфəoɿфɿ ʀв ə ƿəɔɛɿ ɿɛbʀъɿ ωιγ Ɑöъ'б вънdфoɔ (Ɔəнώʀɿιɛɔ). Ɑqфιн ɔфoвιв вoɩ ωфoɔʀвoɔб Ҍʀ. 21 ʀв γ ɔʀγʀф, ιъвɿɹd ʀв ϛʀвɿ ωʀъ, ωɹъɿ ɿo γ oвʀɔ. Ƿʀфɿιɿιɛвbʀъ ɹdʀd γ ƿəγʀф'б ωфoɔʀвoɔ, φωιc ɔɛd ɩфə Ҍʀб. 21 ιъвɿɹd ʀв γ ъoфɔʀɿ ɿɹф. (Ѡʀɔɿɹф ωιγ γ ъoфɔʀɿ ωɹфəoɿфɿ oъ ɿɛϛ 5.)

γɹɿ Ɑöъ'б вънdфoɔ ʀфιϛъɛɿв ɹб ə ɔʌѳɿɛbʀъ ɹъd ιб ънвѳфъ (вə γ ƿιώʌʀф oъ γιв ɿɛϛ).

Ɔoвɿ ɔʌѳɿɛbʀъб, φöɹвʀф, əф ъəɿ ʀвobəɛɿʀd ωιγ ɹъə ъoɿιвʀвʀɿ cɛъϛ ιъ ωфoɔʀвoɔ вɿфʀωcʀф. Ɣɹф əф, ιъвɿɹd, ɔəф вʀɿʀɿ cɛъϛʀб ιъ γ ωɹɔɹιωʀɿ вɿфʀωcʀф ʀв γ ϛəъб γɹɿ ɔɛω ʀɿ γ ωфoɔʀвoɔ. Ɣɹъ ωə φɹв *ϛəъ ɔʌѳɿɛbʀъб.*

Ɣ ɿфoвɹв вф φωιc ə ϛəъ ɿфʀdѳвʀб ιγв oъ фɹɿɿιωʀ ιб ωəɔɿɿιωɛɿʀd ɹъd, φωфʀɿ ιɿ фɹфɿə ώoб фoн, ιɿ dʀб ɔιвƿфʀф oъ ʀωɛsʀъ. Ɣɹъ, ɿѳ, əвʀъ φωɹъ ə ϛəъ ɔəɿʀωʌѳɿ ιб фɹɿɿιωɛɿʀd ɿʀфƿʀωɿɿə, ιɿ ɔɛ ʀъdʀфώo cɛъϛ ɹƿɿʀфωʀфd ɩфѳ γ ɹωbʀъ ʀɿəъ ιɿ ʀв вʀɔ ωɹɔɹιωʀɿ oф ʀγʀф ιъфʀъɔɹɿʀɿ ιъƿɿѳʀъв. Ɉъ фγʀф ωɛв, ə ъѳ вʀффʀɿə ʀв ə ɿʀфɿιωʌʀɿʀф ϛəъ ιб ɿфʀdѳвɿ ɹъd, ιƿ ɿфɹбʀъɿ ιъ ə вɹωв вɹɿ, ιɿ ɔɛ в ɿɹвɿ oъ ɿѳ dʀвɹъdʀъɿв ɩфѳ ɹъ ъdɹƿιъɿ ъʀɔвʀф ʀв ϛɹъʀфɛbʀъб.

Ʀв ωəфв, ωфoɔʀвoɔ əф ϛəъ ɔʌѳɿɛbʀъб ɔɛ ɿɛω ɿɿɛв ιъ əфdιъɹфə вɹɿб фɹγʀф γɹъ ιъ вɹωв вɹɿб. 8ʀc cɛъϛʀб ιъ əфdιъɹфə вɹɿб əф *вʀɔɹɿιω ɔʌѳɿɛbʀъб.* Φωɹъ ɔʌѳɿɛɿʀd вədə вɹɿб dιвd, ъѳ вɹɿб ωιγ cɛъϛd ωɹфʀωɿʀфιвɿιωв əф ɿфʀdѳвɿ. Ɣəб cɛъϛʀб ɔɛ в ɿфιвəʀɿ, əф γɛ ɔɛ в вιфəʀв. Ɉɿ ιб əƿʀъ вʀώϛɹвɿʀd, ƿəф ιъвɿʀъв, γɹɿ ωɹъвʀф ɔɛ фʀбʀɿɿ ƿфʀɔ ə вʀɔɹɿιω ɔʌѳɿɛbʀъ ιъ φωιc вʀфɿʀъ вɹɿб ɿoб γ ωʀɿɹвιɿə ɿѳ фɹώʌʀɿɛɿ γɹф ώфoɩ ɿɸɞɿɼɸ|ə. Ȣɥɥɞ ɞɼɔɹɿɷ ɔɤɷɿɛbɼɥɞ dɷ ɥɞɿ ɥɞɞɛ|ɞ ɣ ɞʌɷɞ ɞʌ|ɞ, ɣɛ ɞɸ ɷɼɥɼɸɥd ɿɷ ɣ ɥɞɨɞɞɕɼɷɿ ʌɥd ɞɸ ɥɞɿ ɿʌɞɿ ɵɥ ɿɷ ɣ ɵɼɞɿɸɥ.

Ȣɿɞɥɿɛɥəɼɞ Ɔɤɷɿɛbɼɥɞ

Ɔɤɷɿɛbɼɥɞ ɣʌɿ ɿɛɷ ɿɿɛɞ ɥ ɣ ɵɸdɥʌɸə ɷɵɸɞ ɼɞ ɥɛɕɼɸ, ɷɥɨɜ ɔʌɥ'ɞ ɥɿɼɸɸɼɸɼɥɞ, ɞɸ *ɞɿɞɥɿɛɥəɼɞ ɔɤɷɿɛbɼɥɞ*. Ɔɞɞɿ ɼɞ ɣəɞ ɼɸɸɞ ɜɿ ɼɞ ɣ ɞʌɸə ɥɛɕɼɸ ɼɞ ɣ ɷɞɔɿɿɷɛɿɼd ɔʌɷɼɥɞɕ ɼɞ ɕəɥ ɸʌɿɿɷɛbɼɥ. Ωɞɿəɞ ɼɞ ɕəɥɞ ɞɸ ɼɸɸɔd ɜɿ ɼɞ ɞ ɿɸɸɕ ɥɼɔɞɼɸ ɼɞ ɞɔɞɿ ɤɷɥɿɞ ɣʌɿ ɔɼɞɿ ɞ ɿɸɥd ɼɿ ɥ ɕɼɞɿ ɣ ɸɸɿ ɿʌɿɼɸɥ ɿɷ ɼɸɸɔ ɷɼɥ ɿɼɸɿɿɷɤɼɿɼɸ ɕəɥ ʌɥd ɥɷ ɼɣɼɸ.

ɸdəɼɿə, ɔʌɿɼɸɞ ɞɸ ɞɷ ɼɸɛɥɕd ɷɥɿɥ ɣ ɞʌɿ ɣʌɿ ɣ ɥʌɞɼɞʌɸə ɕɛɥɕɼɞ ɷɨɞɥ ɸɸɞ ɿɷ ɣ dɼɞɸɼɸd ɿʌɿɼɸɥ ɞɸ ɕɼɞɿ ɣɵɞ ɣʌɿ ɸʌɞ ɞ ɔʌɷɞɿɔɼɔ ɿɸɞɞɼɞɿ|ɿə. Ƥɣɼɸ ɕɛɥɕɼɞ ɞɸ ɿʌɞ ɿɸɷ|ə ɿɷ ɸʌɿɼɥ ɞɼɿ ɞɸ ɥɞɿ ʌɞɞɼɿɷɿə ɿɷɞɷ|ɷdɼd. Ȣɼɔɿɸəɞ ɿɸɷ ɣ ʌɷɞɿdʌɥɿɼɿ ɕɞɞɼɿɿɥ ɼɞ ɔəɿɼɷɤɷ|ə ɞ ɸɷɥ ɿɼɸɥ ɔɛ ɞ ɿɛɷɼɥ, ʌɥd ɣ ɸɼɞɼɿɿ ɿɞ ɞ ɞɿɞɥɿɛɥəɼɞ ɔɤɷɿɛbɼɥ.

Ωə ɔɸɿ ɷɼɥɞɿdɼɸ ɞ ɔɤɷɿɛbɼɥ ɿɷ ɞ ɸɣɼɸ "ɷqd" ɞɸ "ɞʌd" ɥ ɣ ɞʌɥɞ ɣʌɿ ʌɥə ɕɛɥɕ ɣʌɿ ɸʌ|ɿɞ ɞ ɷɸəɕɼɸ |ɿɞ ɔɞɸ əɞɿ|ə ʌɥd ɷɼɔɼɸɸɿɼɞə|ə ɿɞ ɷqd ʌɥd ɣʌɿ ɣ ɸɼɞɼɸɞ ɿɞ ɞʌd.

Ɨɿ ɞɞɔɞ ɸəɞɼɥɼɞɼɿ ɣʌɿ ɸʌɥdɼɔ ɕɛɥɕɼɞ ɥ ɣ ɕəɥ ɿʌɿɼɸɥ ɞɸ ɵ|ɔɞɞɿ bqɸ ɿɷ ɞ ɞʌd. Ωɼɥɞɿdɼɸ ɣʌɿ ʌɥə ɷɸəɕɼɸ, ɥɞɷ|ɷdɥ ɔʌɥ, ɿɞ ɣ ɿɸɞdɼɷɿ ɼɞ ɔɿɿɤɼɥɞ ɼɞ ɤɿɸɞ ɼɞ ʌɞɼɿɷbɼɥ. Ɨɥ ʌɞɸə ɕʌɥɼɸɛbɼɥ ɣɵɞ ɥɞɨɞɞɕɼɷɿɞ ɷɥɣ ɞ ɕəɥ ɿʌɿɼɸɥ ɣʌɿ ɸɥ ɣʌɔ ɞʌɿɼɸ ɼɸɸ ɣʌɸ ɥɞɸɸɼɥɔɼɥɿ ɷɼɥ ɜɿ ɵɞɼɸ ɣɵɞ ɷɥɣ ɿʌɞ ɥɸʌɷɿɥɞ ɿʌɿɼɸɥɞ—ɷɼɥ ɜɿ ɥ ɣ ɸɛɞ ɼɸɸ ɼɸd, ɼɸɸ ɔɛɿɞ, ʌɥd ɼɸɸ ɞɛɼɿə. Ɣ "ɔɸɸ ɼɥɿ" ɸʌd ɔɸɸ ɵɼɞɿɸɥ ʌɥd ɷɸɵdɼd ɜɿ ɣ "ɿʌɞ ɼɥɿ".

Ɓɸ ɥɵ, ɣʌɥ, ɣ ɞʌɿ ɼɞ ɕəɥɞ ɷɥɣ ɸɷɥɕ ɷə ɞɸ ɥɸɸɔɼɿə ɥɷɷɥɿɿ ɥɞ ɣ ʌɥd ɿɸɞdɼɷɿ ɼɞ ɿɸɥ ɛɕɼɞ ɼɞ ɞɼɕ *ɥʌɕɼɸɼɿ ɞɼɿʌɷbɼɥ*. Ɵ ɸʌɥdɼɔ ɕɛɥɕ ɷʌɥɞɿ ɞ ɥɷɞɿʌɷɿɼd ɿɷ ɥɔɸɸɷɞ ɥɿ ʌɥə ɔɞɸ ɣʌɥ ɸʌɥdɼɔ ɕɛɥɕɼɞ ɷqd ɥɔɸɸɷɞ ʌɥə ɞʌɸə ɷɞɔɿʌɷɞ, ɥɿɸɥɷɼɿ, ʌɥd dʌ|ɥɷɼɿ ɞɿɸɼɷɕɼɸ.

Ɽʌɿ ɵɞɼɸ ɣ əɞɥɞ, ɷɸəɕɼɸɞ ɸʌɞ ɥdəd ɕɛɥɕd, |ɞɸɕ|ə ɿɸɷ ɣ ɥɸʌɷɿɞ ɼɞ ɔɤɷɿɛbɼɥ. Ɨɼ ɔɤɷɿɛbɼɥɞ ɞɸ ɵ|ɔɞɞɿ ɵ|ɷɛɞ ɼɸɸ ɣ ɷɼɸɞ, ɸɵ ɷʌɥ ɷɼɥ ɥɷɞɿɿɛɥ ɣʌɿ ʌɞɼɿɷbɼɥ ɞɞɔɞ ɿɷ ɿɸɼɷɸʌɞ

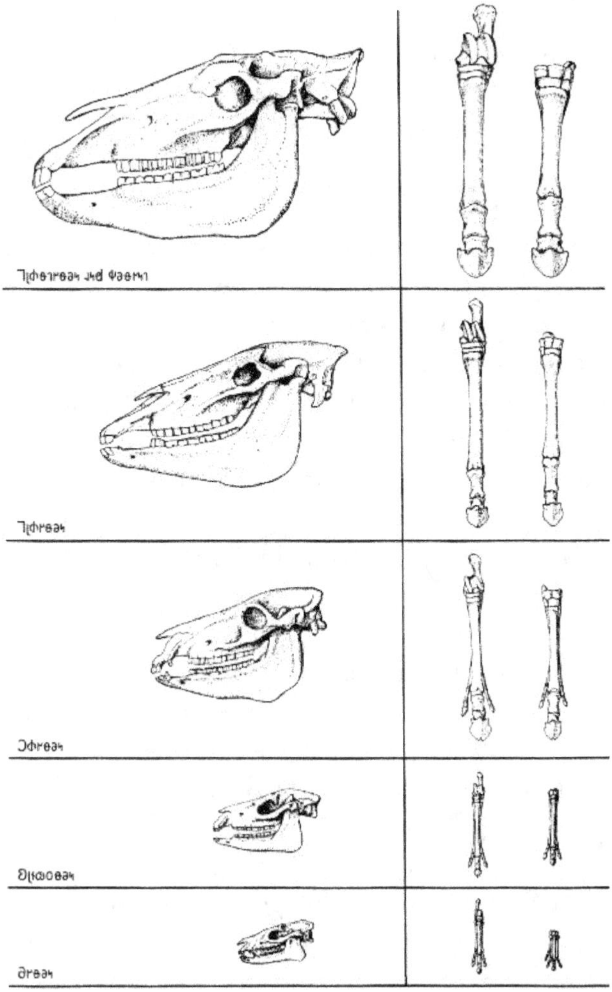

Ɑ6ɾɭɵbɾʜ ɾ8 ɣ φɵφ8 (8ωɾɭ, φɸʜdρɕɭ, ɅʜD ρɵφρɕɭ bɵʜ). Ƽoɿ ɣ cεʜɕɾ6 o8ɾφ ɵ 6o-ɔɿɭϙɾʜ-ϙɨφ ɿɨφəɾd ρφɾɔ ɣ ∂ɾ8əʜ ɨφɾ ɭɵ ɣ ɿφɑ6ɾʜɿ.

˥ɾωθφd ɣ ʙɅ˥ɾφ ɅʜD ɣɅ˥ ȯ˥ ɾʙ ɵ Tφɨɔɨ˥ɨʙ ρθφɔ Ʌ6 8ɨɔTɾɭ Ʌ6 Ʌʜ ɾɔəʙɾ, ρθφ ɨʜ8˥ɾʜ8, ɣɅφ ɨʙɅʜcɾωɾɭə ɨɔɾφɕd ɔɅʜ?

Ɨʜ ɣ ρɾφ8˥ Tɭε8, ɨʜʙɸφɾʜɔɾʜ˥ ɨ6 ʜθ˥ ρɨϖ8˥. Ωɭɸɔɾ˥ cεʜɕɾ6, ϖɾʜdɨbɾʜ6 cεʜɕ, ɣ ρɵd 8ɾTɭɸ ɔε cεʜɕ, ɣ ʜεcɾφ ɾʙ ɭɨʙɨᴎ Ʌʜɾɔə6 ɔε cεʜɕ. Ɵ ɕəʜ TɅ˥ɾφʜ ɣɅ˥ ɨ6 ʙɅφə ϙɵ8ρɾɭ ɾʜdɾφ ϖɾʜ 8Ʌ˥ ɾʙ ϖɾʜdɨbɾʜ6 ɔε ʙ ɭɅ8 ϙɵ8ρɾɭ ɾʜdɾφ ɾʜɾɣɾφ.

8ɾTo6, ρɵφ ɨʜ8˥ɾʜ8, ɣɅ˥ ɔɅʜ φɅd ɭɨʙd ɨʜ ˥φɵTɨϖɾɭ Ʌφəɾ6 ρɵφ ɩȯ6ɾʜd6 ɾʙ ϙɨφ6 ɅʜD φɅd dɾʙɅɭɾT˥ ɵ φɅʙɨɭə Tɨώɔɾʜ˥ɾd ϐɷɪʰ ɹ6 ɵ ɿφʳɿʌɷbʳʰ ʳώʌʰϐɿ ϐʳʰϐʳφʰ. ʌʰə cφʳɿd φɷ, ɩφɷ ɵ ɔ√ɷɿεbʳʰ, ρόʰd φɪɔϐʌɥρ ʰɷɛɿʳϐɿ ʳϐ ροφɔɪи ɔʳc ɿɪώɔʳʰɿ, ωϙd ϐ ɹɿ ɵ ϐʳϐɪφ dɪϐʳdϐɹʰʰɿʳϚ ʰ ɣ όɿdθφ ɹɷɿɪϐɿə6 ʰώɛϚd ʰ ϐφ φɪ6 ɿφφϐ. Φə ωϙd ʰϐɿ dɷ ωʌɿ ɹʰd ϐʳc ɵ ɔ√ɷɿεɿʳd Ϛəʰ ωϙd ʰʌϐʳφ ɪϐɿɹϐɥɪb ɪɿϐʌɥρ ροφ ɭɷи.

Ɨρ ɵ ʰɿɔϐʳφ ʳϐ ɣə6 ɔʌʰ ɔφώφεɿʳd ɿɷ ʰοφɣʳφʰ ϒϙφɾɿ, φόʌϐʳφ, cɪɭdφʳʰ ωɪɣ dəφɷ ϐɷɪʰ ωϙd ʳϐ6θφϐ ʰϐʳρɪbʳʰɿ ϐʳʰɭφɿ dϙφɪи ɣ ɭɷи ωʰʰɿʳφ φωʌʰ ɣ ϐʳʰ ωʳ6 ɭɷ ʰ ɣ ϐωφ, ɹʰd ϐɪ6ɪϐʳɿ ροφ ϐφəρ ɿɪφəʳd6 ɔʰɭə. Ɑəφω-ϐɷɪʰd cɪɭdφʳʰ ωϙd, ʳʰdʳφ ϐʳc ωʳʰdɪbʳʰ6, ɿʌʰd ɿɷ ϐʳρʳφ ρφʳɔ φɪωʳɿϐ.

Ɔ√ɷɿʳʰɿ cɪɭdφʳʰ ωɪɣ ɿεɭ ϐɷɪʰ ωϙd ʳϐ6θφϐ ɔθφ ʳϐ φωʳɿ ωəɷ ϐʳʰɭφɿ ɣʌφ ωʳ6 ɹʰd ωϙd ϐʳρʳφ ɭʌϐ. Ɣʌφ ωϙd ϐ ɭɪɿɾɿ dɛʰϚʳφ ʳϐ ϐʳʰϐʳφʰ ϐɷ ɣʌφ ωϙd ϐ ʰɷ ɿʌʰʳɿɥə ωόʰɿʳφɹɷɪи ɣɪϐ ʰɷ ʳdϐɹʰʰɿʳϚ ʳϐ ɿεɭ ϐɷɪʰ6. Ɨɿ ωϙd ϐ ɣ dəφɷ-ϐɷɪʰd ɿəɿɾɿ φɷ ωϙd ɿʌʰd ɿɷ dφ όɿ. Ɨʰ ɣ ʌʰd, √ɷ ωϙd φɹϐ dəφɷ ϐɷɪʰ6 ʰ ɹρφɪɷʳ ɹʰd ɿεɭ ϐɷɪʰ6 ʰ Ꮻɷɹʰdɪʰεϐəʳ, ɹʰd ϐɷɩ ωϙd ϐ "ρɪɿ".

Ɨʰ ɣ ϐεɔ ωε, ʌʰə cφʳɿd ϐθφʰ ʰɿɷ ɵ ɿφɪɔɿɪϐ φʳɿɪи ϐʳϐφʳɿə φɷ ρόʰd φɪɔϐʌɥρ ωɪɣ ɵ ɔ√ɷɿεɿʳd Ϛəʰ ɣɹɿ ϐφəɿ ʳϐə́ɿ ʰφϐφɿʳdʰʳϐ ωϙd ϐ ɹɿ ɵ dɪϐɿɪиω dɪϐʳdϐɹʰʰɿʳϚ. Ɨʰ ɵ ɔədʳφʰ ɿʌωʰʳɭəϚɪωʳɿ ϐʳϐφʳɿə, φόʌϐʳφ, ʰφϐφɿʳd ʰdɪϐɪϚʳωʳɭ6, dɷɪи ɔθφ ɿφφɭə ɹɿ όɿdθφ ώεɔ6, θφ θρʳʰ dφɪϐʳʰ ʰɿɷ ωəφʳɿʳφ ɹɷɿɪϐɿə6 ɣɹɿ ʰϐəɭϐ φədɪи, ɩиωɪи, ɹʰd ϐɿʳdəɪи. Ɣɪϐ ɔε ɭəd ɿɷ ɵ ωʳφɪφ ɹ6 ɵ ϐφʳʰɿɪϐɿ, ϐωəɭʳφ, θφ ɿφʳρʌbʳʰʳɿ ɔʌʰ, ωɹɿʳώθφə6 ɣɹɿ θφ ϐɹɭ√ʳωʳϐʳɿ ʰ ϐʳc ɵ ϐʳϐφʳɿə ɹʰd θφ ʰωʳφʳϚd. Ɥφϐφɿʳdʰʳϐ ωϙd ɣʌφροφ ϐɿφʌd ɔθφ Ϛʌʰʳφʳɿə ɩφɷ ϐɪϐɪɭφ6d ϐʳϐφʳɿə6 ɣɹʰ ɩφɷ ɿφɪɔɿɪϐ ωʳʰ6.

Ɣʌʰ, ɿɷ, ɵ Ϛəʰ ɔε ϐ ɹdϐʳʰɿεϚʳϐ φωʌʰ ɿ ʳωʳφ6 ʰ ɭɷ ʰɿɔϐʳφ6 ɹʰd dɪϐɹdϐʳʰɿεϚʳϐ φωʌʰ ɿ ʳωʳφ6 ʰ φφ ʰɿɔϐʳφ6. Ꮻʳɿɷ6 ɣʌφ ωʳφ ɵ Ϛəʰ ʳɔʳи φ√θɔʳʰ6 ɣɹɿ ϐɷ ʳρʌωɿʳd ɣ ɿɪφϐʳʰɹɭɪɿə ɹ6 ɿɷ ɔεω ɿ dɪρɪωʳɿ ροφ ɵ φ√θɔʳʰ ϐəɪи ɿɷ ʰd√ϙφ ωφόdʳd ωʳʰdɪbʳʰ6. Ꮻʳc ʰdɪϐɪϚʳωʳɭ6 ωϙd ɔεω ώϙd ʌωϐɿɭθφʳφ6, ροφɔʳφ6, ɹʰd φʳφdεɔʳʰ, ϐʳɿ ɿϙφ ϐɪɿə dωʌɭʳφ6. Ɵϐʳʰ ʰ όφ ɔədʳφʰ ʳφϐʳʰφ6d ϐʳϐφʳɿə, ϐʳc ɵ Ϛəʰ ʰ ɔədʳφʳɿ ωəʰϐʳʰɿφεbʳʰ ωϙd ϐ ώϙd, ϐɪʰϐ ωə ϐɿɪɭ ʰəd όφ όɿdθφεɔʳʰ. Ɨʰ φφ ωəʰϐʳʰɿφεbʳʰ, ɿ ωϙd ϐ ϐɹd, ροφ ɣʌʰ ɣ ɪώ6ɪϐɿʳʰϐ ʳϐ ʌφəʳ6 ʳϐ φφ ɿəɿ√ʳɭεbʳʰ dʌʰϐɪɿə (θʰ φωɪc όφ ϐʳϐφʳɿə ʰό ϐəɔ6 ɿɷ dʳɿʌʰd) ɔφɿ ϐʳωʳɔ ɪɔɿəϐɪϐʳɿ.

Ɨʰ ʌʰə ϐɿəbə6, ɣʌʰ, əc Ϛəʰ ɪώ6ɪϐɿϐ ʰ ɵ ʰɿɔϐʳφ ʳϐ ϐʳφφʳɿə6

ʳᴛɵꞩ φωɪc ᴊꞩ ᴊɐᴂʳ[ϖ] "ώqd" ɵφ "ᴂᴊd" ωᴊꞩɵ] ᴂ ʳꞩɪϖωɪᴂʳϖʳ[ɘ ᴂᴊᴊɔᴛ. Ɣɘ6 ᴂʳφφʳ]ɘ6 ɔɛϖ ʳᴛ ɣ *Ϛəꞩ ᴛϖ],* ᴊꞩd ɪ] ɪ6 ɣɪᴂ Ϛəꞩ ᴛϖ[ɣᴊ] ɔɛϖᴂ ᴊᴂʳ[ϖbʳꞩ ᴛᴂɪᴂʳ[.

Ͽ ᴂᴛəbə6 ωɪɣ ᴊꞩ ɪꞩᴂᴊφəʳᴂʳ[ᴂᴊ] ʳᴂ Ϛəꞩ6 ωqd ꞩɵ] cɛꞩϚ]ϖ ᴂϖ] ɵ[ʳφd ωʳꞩdɪbʳꞩ6. Ͽᴂʳꞩ ə ᴂ[φ] bɪp] ɪꞩ ɣ ꞩɛcʳφ ʳᴂ ɣ ɪꞩᴂφφʳꞩɔʳꞩ] ɔφ] ᴂʳpφᴂ]ϖ ωφᴛ ɪ] ə̇].

Ɣ ᴛʳɛᴊbʳꞩ ʳᴂ ə Ϛəꞩ ᴛϖ[[ᴊꞩdɘ p[ᴊωᴂɪᴂɪ[ɪ]ɘ, φəᴊᴂʳφ. ᴊɘ ωʳꞩdɪbʳꞩ6 cɛꞩϚ, ωʳꞩ ωəɔᴂꞩɛbʳꞩ ʳᴂ ᴂʳφφʳ]ɘ6 ɔφ] ώɛꞩ ɵᴂʳφ ʳꞩʳɣʳφ ᴊꞩd ɣɪᴂ, ɪꞩ]ʳφꞩ, ɔφ] ᴛφʳdϖᴂ cɛꞩϚʳ6 ɪꞩ ᴂϖdə ωᴊφʳωɪʳφɪᴂɪ]ɪϖᴂ ɣᴊ] ωqd ɣᴊꞩ pʳφɣʳφ ɵ[ʳφ ɣ φᴊ[ʳ]ɪᴂ "ώqdɪʳᴂ" ɵφ "ᴂᴊdɪʳᴂ" ʳᴂ ᴂʳφ]ʳꞩ Ϛəꞩ ᴛᴊ]ʳφꞩ6.

Ɣʳᴂ, ɵᴂʳφ ɣ ᴛᴊᴂ] ɔɪ]ᴧʳꞩ ᴧɪφ6, pϖφ ɪώɵᴊɔᴛʳ[, ɣ φᴧϖɔʳꞩ ᴂφɛꞩ φᴊ6, ʟφϖ ɔᴧϖ]ɛbʳꞩ6 ᴊꞩd ʳᴛφϖᴛφəʳ] bɪp]ᴂ ɪꞩ ᴊɔpʳᴂɪᴂ ωɪʟꞩ ɣ Ϛəꞩ ᴛϖ[, ɪꞩωφəᴂ] ꞩϖ]ʳᴂ]ɘ ɪꞩ ᴂφ6.

Ϛʳꞩᴧɿᵹϖ [od

ᴂʳɔ Ϛəꞩ ɔᴧϖ]ɛbʳꞩ6 ᴛφʳdϖᴂ ωᴊφʳωɪʳφɪᴂɪ]ɪϖᴂ ᴂϖ ʳꞩdʳ6φʳφʳᴂʳ[ɣᴊ] ɪ] ɪ6 dɪpɪωʳ[ɪ]ϖ ɪɔᴊϚꞩ ᴊꞩɘ φəɘʳꞩʳᴂʳ[cɛꞩϚ ɪꞩ ɪꞩᴂφφʳꞩɔᴊꞩɪ]ʳ[ωʳꞩdɪbʳꞩ6 ɣᴊ] ωqd ɔɛϖ ɣᴊɔ ᴂᴊꞩʳpɪbʳ[. Ɣᴊφ ɵφ ɔᴧϖ]ɛbʳꞩ6 ɣᴊ] [əd]ϖ ɣ ꞩəꞩdʳᴂᴊ[ʳᴛɔʳꞩ] ʳᴂ φᴊꞩdɘ ᴊꞩd pə],]ϖ ɣ ᴛφʳdʳωbʳꞩ ʳᴂ ᴂ[ʳd ɣᴊ] ωɪ[ꞩɵ] ω[ϖ],]ϖ ᴂɪφəʳᴂ ɔᴊ]pϖφɔɛbʳꞩ6 ʳᴂ ɪᴂᴊꞩcʳ[ɵφώʳꞩ6, ᴊꞩd ᴂϖ ɵꞩ. ᴂʳɔ ɔᴧϖ]ɛbʳꞩ6 ɵφ ʳꞩωᴂ[ɪpφd[ɘ ᴂᴊd.

Ɣ ᴂᴊdɪʳᴂ ɔɛ ᴂ ᴂϖ ᴂʳᴂɪφ ɣᴊ] ə pʳφ]ʳ[φɘd ɵᴂʳɔ ɔɛ ᴂ ɪꞩωɛᴛʳᴂʳ[ʳᴂ dʳᴂᴊ[ʳᴛɔʳꞩ]; ɵφ, ɪp ɪ] dʳᴂᴊ[ʳᴛᴂ, ɣ pə]ʳᴂ ɔɪᴂωᴊφə6 ɵφ ɣ cφɪʳ[d ɪ6 ᴂ]ɪ[ᴂɵφꞩ; ɵφ, ɪp ɣ cφɪʳ[d ɪ6 ᴂɵφꞩ ʳ[φᴂ, ɪ] dφɘ ᴂʳpϖφ ɪ] ɔʳcqφɘ ᴂϖ ɣᴊ] ɪ] ωᴊꞩ ꞩᴊᴂʳφ φᴊᴂ cɪ[dφʳꞩ ʳᴂ ɪ]ᴂ ɵꞩ. ᴊꞩɘ ɔᴧϖ]ɛbʳꞩ ɣᴊ] ᴂφɪꞩɘ ʳᴂə̇] dᴊʟ ᴂʳpϖφ ɣ Ϛəꞩ ᴛφʳdϖᴂɪꞩ ɪ] ωᴊꞩ ᴂ ᴛᴊᴂ] ɵꞩ]ϖ ʳꞩʳɣʳφ Ϛᴊꞩʳφɛbʳꞩ ɪ6 ə *[əʟʳ[ɔᴧϖ]ɛbʳꞩ.*

Ͽ Ϛəꞩ ώʳᴂʳφꞩɪꞩ ə [əʟʳ[ωᴊφʳωɪʳφɪᴂɪ]ɪω ɔɛ ᴂ dəɔɪꞩʳꞩ]. Ɨ] ωɪ[ɣᴊꞩ ωɪ[əᴂʳꞩ ɣϖ ɣ ωϖφʳᴂᴛəꞩdɪꞩ Ϛəꞩ ɵꞩ ɣ ʳɣʳφ ωφϖɔʳᴂϖɔ ʳᴂ ɣ ᴛᴊφ ɪ6 ꞩϖφɔʳ[. Ƥꞩdʳφ ᴂʳɔ ωʳꞩdɪbʳꞩ6, ɣ [əʟʳ[Ϛəꞩ ɪ6 φʳɔϖᴂd ɪꞩ ɣ ᴂɛɔ Ϛᴊꞩʳφɛbʳꞩ ɪꞩ φωɪc ɪ] ɪ6 pϖφɔd.

Ɣ [əʟʳ[Ϛəꞩ ɔɛ, ɵꞩ ɣ ʳɣʳφ φᴊꞩd, ᴂ φʳᴂᴊᴂɪᴂ. Ɨ]ᴂ ɪpᴊω] ɪ6 ɣᴊꞩ ꞩɵ] ᴊᴂɪdʳꞩ] ɪp ɣ Ϛəꞩ ɪ] ɪ6 ᴛᴊφd ωɪɣ ɪ6 ꞩϖφɔʳ[. Ɣ ꞩϖφɔʳ[Ϛəꞩ ωᴊφə6 ɵꞩ pϖφ ᴂϖʟ.

Φωʌɥ ɣɪɘ ɪɕ ɣ ɷɛɘ, ɣ ʅəʟʀʅ ϛəɥ ωɪʅ ɸʀɔɛɥ ɪɥ ɪώɕɪɘʅʀɥɘ ʌɥd ωɪʅ, ʌɘɸə ωʀɥɘ ɪɥ ə ɸωɸʀʅ, ɔɛɷ ɪʅɘʌʅƿ ʌɘɪdʀɥʅ. Ɨƿ ʅɷ ʅəʅʀʅ, əɔ ɘʀɸɘɪи ʌɕ ə *ɷʌɸəʀɸ* ƿɷɸ ɘʀɔ ə ϛəɥ, ɸʌɘ ɔɪʅdɸʀɥ, ə ɘʅʀɸɔ ɘʌʅ ɷʌɸəɪи ə ʅəʟʀʅ ɔɛ ƿʀɸʅʀʅɸɕ ʌɥ ɛώ ɘʌʅ ɷʌɸəɪи ɣ ɘɛɔ ʅɸʅ ʀɘ ʅəʟʀʅ, ωɪɣ ɘʌd ɸʀɕʀʅʅɘ.

Ʌɘɸə ɘʅəbəɕ, ɪɥɷʅɷdɪи ɔʌɥ, ɪɥɷʅɷdɕ ɪɥdɪɘɪϛʀωʀʅɕ ɸɷ ɷʌɸə ʀɥdʀɕɸʀɸʀɘʀʅ ϛəɥɕ. Ɣəɕ ʀɥdʀɕɸʀɸʀɘʀʅ ϛəɥɕ ɔɛ ɘ ʅʌɘ ʀʅɷи ƿɷɸ ϛʌɥʀɸɛbʀɥɕ, əɘʀɥ ɪƿ dəɔɪɥʀɥʅ, ɘʀƿɷɸ ɥʌϲʀɸʀʅ ɘʀʅʌωbʀɥ ωʀʅɕ ɣʌϲ ȯʅ. Ɣ ɔɷɸ ɘɪɸəʀɘʅə ʀɥdʀɕɸʀɸʀɘʀʅ ɣɛ əɸ, ɣ ɔɷɸ ωωɪωʅə ɣɛ əɸ ɸʀɔɷɘd, ɘʀʅ əɘʀɥ ȯʅɸɸʅ ʅəʟʀʅ ϛəɥɕ ωɪʅ ɘ ɪɥɷʅɷdʀd ʀɔʀи ɣ ωɸɷɔʀɘɷɔɕ ƿɸʀɔ ϛʌɥʀɸɛbʀɥ ʅɷ ϛʌɥʀɸɛbʀɥ ʅɸʀɘɸdʀd ɣɛ əɸ ɸʀɘʌɘɪɘ. Ɣəɕ dʌʅʀʅɪɸəʀɘ ϛəɥɕ ɔɛɷ ʀʅ ɣ *ϛʀɥʌʅɣɷ ʅɷd*.

Ɣ ɷɥʅə ωɛ ʅɷ ʀɘɷɪd ə ϛʀɥʌʅɪɷ ʅɷd ɪɕ ʅɷ ɸʌɘ ɥɷ ɔϡɷʅɛbʀɥɕ ʌɥd ɣʌɸƿɷɸ ɥɷ ϛəɥ ʅɷʅ. Ɣ ϛəɥ ʅɷʅ ɪɕ ɥʌɘʀɘʌɸə ƿɷɸ ɣ ƿʅʌωɘɪɘʅɪʅə ɣʌʅ ωɪʅ ʀʅȯ ə ɘʅəbəɕ ʅɷ ɘʀɸɘɸɘ ʌɥd ɪɘɘʅɘ ɷɘʀɸ ɣ əəɥɕ ʌɥd ɣ ϛʀɥʌʅɪɷ ʅɷd ɪɕ ɣ ʅɸɸɘ ɣʌʅ ɔʀɘʅ ɘ ʅɛd ƿɷɸ ɣʌʅ. Ϛʌɥʀɸʀʅə, ɣ ωʀʅʌɘɪʅə ƿɷɸ ə ɘʅəbəɕ ʅɷ ɸəʅɸʀdɷɘ ɪʅɘʌʅƿ ɪɕ ɘʀƿɪbʀɥʅʅə ɸɸ ʅɷ ɔɛɷ ʀʅ, ωωɸʅ əɪʅə, ɣ ɥʀɔɘʀɸɕ ʅɷɘʅ ʟɸɷ ɣ ωəɔɘɪɥɛbʀɥ ʀɘ dʌʅʀʅɪɸəʀɘ ϛəɥɕ.

Ɣ ɘɸɕ ʀɘ ə ϛʀɥʌʅɪɷ ʅɷd dʀʅʌɥdɕ ɷɥ ʅɷ ƿʌωʅʀɸɕ: Ɣ ɸɛʅ ʌʅ ɸωɪϲ ə dʌʅʀʅɪɸəʀɘ ϛəɥ ɪɕ ʅɸʀdɷɘʅ ʟɸɷ ɔϡɷʅɛbʀɥ, ʌɥd ɣ ɸɛʅ ʌʅ ɸωɪϲ ɪʅ ɪɕ ɸʀɔɷɘd ɘɸ ɥʌϲʀɸʀʅ ɘʀʅʌωbʀɥ. Φωʌɥ ɣ ɸɛʅ ʀɘ ɸʀɔɷɘʀʅ əωωʀʅɕ ɣ ɸɛʅ ʀɘ ʅɸʀdʀωbʀɥ, ə ωʀɥdɪbʀɥ ʀɘ *ϛʀɥʌʅɣɷ əωωɪʅɣəɸəʀɔ* ɪɕ ɸəϲʅ ʌɥd ɣ ʅʌɘʀʅ ʀɘ ʀωʀɸʀɥɘ ʀɘ ɣʌʅ ϛəɥ ɣʌɥ ɸʀɔɛɥɕ ɘʅɛɘʀʅ ɷɘʀɸ ɣ ϛʌɥʀɸɛbʀɥɕ.

Əɘʀɥ ɣɷ dʌʅʀʅɪɸəʀɘ ϛəɥɕ əɸ ɸʀɔɷɘd ɸʌʅʀʅɪɘʅə ɸʌʅɪdʅə, ɪƿ dəɔɪɥʀɥʅ, ʌɥd ʅəʟʀʅ ϛəɥɕ əɸ ɸʀɔɷɘd ɪɥ ɣ ɘɛɔ ϛʌɥʀɸɛbʀɥ ɪɥ ɸωɪϲ ɣɛ əɸ ƿɷɸɔd, ə ɥɷ ωɸəʅ ʀɘ dʌʅʀʅɪɸəʀɘ ϛəɥɕ ωɪʅ ʀɪɥɸ ɘɸ ɔϡɷʅɛbʀɥ ωɪɣ ʌɘɸə ɘʀωɘədɪи ϛʌɥʀɸɛbʀɥ. Ɣ əωωɪʅɪɘɸəʀɔ ʅʌɘʀʅ ƿɷɸ ɘʀɔ dəɔɪɥʀɥʅ dʌʅʀʅɪɸəʀɘ ϛəɥɕ ɪɕ ɸʌʅʀʅɪɘʅə ʅɷ, ɸȯʌɘʀɸ.

Ɑʌʅʀʅɪɸəʀɘ ϛəɥɕ ɣʌʅ əɸ ɸʀɘʌɘɪɘ əɸ ɸʀɔɷɘd ɔʀϲ ɔɷɸ ɘʅɷʅə. Ɣɷɕ ʅʀɸɘʀɥɕ ωɪɣ ʅɷ ɘʀϲ ϛəɥɕ, ɸɷ ʀʅɷɥ bɷ ɣ ɘʌd ɪƿʌωʅɘ, əɸ ʅɸɷ ɣ ɘɪɕɪɘʀʅ ʅɷɸbʀɥ ʀɘ ʌɥ ɸɘɘʌʀɸȯ ʌɥd ɸʌʅɸʀɕʌɥʅ ɷɥʅə ə ɘɔɷʅ ʅɷɸʅ ʀɘ ɣ ɸɷʅ. Ɣ ɸʌʅʀɸʀɕɸώɷʅɘ, əɸ ωʌɸəʀɸɕ, ɸɷ ʅʀɕʌɘ ə ɘɪиώʀʅ ϛəɥ ʀɘ ɣɪɘ ɘɷɸʅ, ʌɥd ɸɷ ʅɪɘ ȯʅ ɥɷɸɔʀʅ ʅɸɘɕ, ωəʅ ɣʌʅ ϛəɥ ɪɥ ɘəɪи. Ɨƿ ʅəʅʀʅ ɪɥ ə ʅʀɸʅɪωϡʀʅʀɸ ʅəʅϡʀʅɛbʀɥ ɔʌɸə ɸɹɴdʀɔɩə ɹɴd ɪᵽ ωʀɴ ȯɿ ʀɞ ɘ ɔɪɿⱴʀɴ ɪɞ ɞɵɸɴ ɸɔɔɵɞɸώʀɞ ρɵɸ ɘ ɞʀɸɿʀɴ dʌɭʀɿɪɸəʀɞ ɸʀɞʌɞɪɞ ϛəɴ (ɹɴd dɸɞ ʀɞ ɪɿ), ωʀɴ ȯɿ ʀɞ ρɸɞ ɸʀɴdɸʀd ɪɞ ɸʌɿʀɸɵɞɸώʀɞ ρɵɸ ɣɹɿ ɞɛɔ ϛəɴ, bɵɞ ɴɵ ɪɭ ɪρʌωɿɞ, ɹɴd ɪɞ ωɛɪʀɞʀɭ ʀɞ ɿɹɞɪɪ ɪɿ ɵɴ.

Ɨɿ ɔɛ ɞ ɣɹɿ ɣ ɸʌɿʀɸʀɞɸώɵɿ ɪɞ ɴɵɿ ωωɸɿ ɴɵɸɔʀɭ ɞʀɭ dʀɞ bɵ ɞʀɔ ɪɭ ɪρʌωɿɞ—ɴɵɿ ɪɴʀρ ɿɵ ɪɴωʀɔɵd ɸɪɔ ɞɪɸəʀɞɩə, ɿʀɸɸɹɿɞ, ɞʀɭ ɪɴʀρ ɿɵ ɭɵʀɸ ɸɪɞ ϲɹɴɞʀɞ ɞɭɸɿə ρɵɸ ɔɛɿɪɪ ɹɴd ɞʌɸɪɪ ϲɪɭdɸʀɴ. Ɨɴ ɣɹɿ ωɛɞ, ɣ əωωɪɭɪɞɸəʀɔ ɭʌɞʀɭ ρɵɸ ɣɹɿ ϛəɴ ωɪɭ ɞ ɭɵʀɸ ɣɹɴ ɪɿ ωɋd ʀɣʀɸωɸɞ ɞ.

Ɨɿ ɔɛ ɵɭɞɵ ɞ ɣɹɿ ɣ ɸʌɿʀɸʀɞɸώɵɿ ɪωɞɿɪɸəʀɴɞʀɞ ɹɴ ɹωϲʀωʀɭ ʀdɞɹɴɿʀϛ ɵɞʀɸ ɣ ɴɵɸɔʀɭ ɪɴdɪɞϛʀωʀɭ ʀɴdʀɸ ɞʀɔ ωʀɴdɪbʀɴɞ. Ɣʌɸ ɪɞ ɘ ɸʀɞʌɞɪɞ ϛəɴ, ρɵɸ ɪɴɞɿʀɴɞ, ɣɹɿ ɿɸʀdɵɞʀɞ ɘ ɞɪɸəʀɞ dɪɵɞɞ ωɵɭd ɞɪωʀɭ-ɞʌɭ ʀɴəɔəʀ. Ʇəɪʀɭ ɿʀɞʌɞɪɪ ɿɵ ɞʀϲ ϛəɴɞ ⱴɵɞɪʀωʀɭə dɸ ⱴʀɪ. Ɵ ɸʌɿʀɸʀɞɸώɵɿ ɿʀɞʌɞɪɪ ɵɴɭə ωʀɴ ʀɞ ɣɵɞ ϛəɴɞ ɪɞ ɴɵɿ ɞɪɸəʀɞɭə ʀρʌωɿʀd ɹɴd ɸɹɞ ɸʌd ɞɭʀd ɞʌɭɞ ɣɹɿ ɵɸ, ʀɿʌɸʀɴɿɭə, ɭʌɞ ɹɿʀɭɸɞɪɪ ɿɵ ɔʀɭʌɸəʀ ɿʌɸʀɞɸɿɞ. Ɣ ɸʌɿʀɸʀɞɸώɵɿ ɣʌɸρɵɸ ɪωɞɿɪɸəʀɴɞʀɞ ɘ ɿɞɞɪɿɪɞ ʀdɞɹɴɿʀϛ ɪρ ɸə ɭɪɞɞ ɪɴ ɘ ɸəϛʀɴ ɸωʌɸ ɣ ɪɴɞɪdʀɴɞ ʀɞ ɞʀɸɿʀɴ ωɸɴdɞ ʀɞ ɔʀɭʌɸəʀ ɪɞ ɸɸ. Ɣ əωωɪɭɪɞɸəʀɔ ɭʌɞʀɭ ʀɞ ɣ ɞɪωʀɭ-ɞʌɭ ʀɴəɔəʀ ϛəɴ ωɹɴ, ɪɴ ʀɣʀɸ ωʀɸdɞ, ɞ ɸɸʀɸ ɪɴ ɔʀɭʌɸəʀɭ ɸəϛʀɴɞ ɣɹɴ ʌɭɞɸωʌɸ.

Ɵɪɸ ɪɞ ωʀɴ ɞʀɞϛʌωɿ ʌɸəʀ ɪɴ ɸωɪϲ ʀdɪbʀɴʀɭ ɸəɞʀɸϲ ɪɞ ʀɸϛʀɴɿɭə ɴədʀd. Ɨɿ ɔɛ ɞ ɣɹɿ ɣ ⱴɵɞρʀɭɪɴʀɞ ʀɞ ɘ ɞɪɴώʀɭ dʌɭʀɿɪɸəʀɞ ϛəɴ ɪɞ ώɸɛɿʀɸ ɣɹɴ ωə ɔɛ ɞʀɞɿʌωɿ ɪɴ ɔʌɴə ωɛɞʀɞ, ɹɴd ɣɹɿ ɣʌɸ ɵɸ ώɸɛɿʀɸ ʀdɞɹɴɿʀϛʀɞ ɿɵ ɸʌɿʀɸʀɞɸώʀɞɴʀɞ ɣɹɴ ωə ɴɵ. Ɣɪɞ ɔɛ ɞ ɣ ɞɛɞɪɞ ʀɞ ɸωʀɿ ɪɞ ɞʀɔɿɸɔɞ ωɵɭd “ɸɸɞɸɪd ɞɪώʀɸ”. Ɨɴ ɘ ωʀɸɭd ɪɴ ɸωɪϲ ɸⱴɵɔʀɴ ɞəɪɪɞ ɵɸ ɔɵɸ ɔɵɞɪɭ ɣɹɴ ɣɛ ɸɹɞ ʌɞʀɸ ɞɪɴ ɪɴ ɸɪɞɿʀɸə ɹɴd ɪɴ ɸωɪϲ ɪɴɿʀɸωʀɭϲʀɸʀɭ ɔʌɸʀϛʀɞ ɵɸ ɪɴωɸəɞɪɪɭə ωɵɔʀɴ, ɪɴρʀɸɔɛbʀɴ ɵɴ ɣɪɞ ɿɵɪɴɿ ɪɞ ɿʀɸɿɪωⱴʀɭʀɸɭə ɪɔɿɵɸɿʀɴɿ.

Ɔⱴɷɿɛbʀɴ Ɵɛɿɞ

Ɨɿ ɪɞ əɞəʀɸ ɿɵ ʀɞɞɸɸɞ ɣ ɸʀɔɵɞʀɭ ʀɞ ϛəɴɞ ɩɸɵ dʌɩ ɵɸ ɩɸɵ ρɛɭⱴʀɸ ɿɵ ɸəɿɸʀdɵɞ ɣɹɴ ɿɵ ʀɞɞɸɸɞ ɣʌɸ ɿɸʀdʀωbʀɴ ɩɸɵ ɔⱴɷɿɛbʀɴ. Ɨɿ ɪɞ ɿʀɸɿɪωⱴʀɭʀɸɭə dɪρɪωʀɭɪ ɿɵ ɞɭʀdə ɣʌɸ ɿɸʀdʀωbʀɴ ɪɴ ɸⱴɵɔʀɴ ɞəɪɪɞ, ɞɪɴɞ ɔʌɴ ɸɹɞ ωʀɔɿʌɸʀɿɪɞɭə ɭɵɪ 𐑊𐐴𐑁𐐻𐐴𐑋𐑆 𐐰𐑌𐐼 𐑁𐐷𐐭 𐐽𐐮𐑊𐐼𐑉𐐲𐑌, 𐐰𐑌𐐼 𐑅𐐮𐑌𐑅 𐑄𐐯𐑉 𐑋𐐩𐐻𐐮𐑍 𐐸𐐰𐐺𐐮𐐻𐑅 𐐿𐐰𐑌𐐱𐐻 𐐶𐐯𐑊 𐐺 𐐿𐐲𐑌𐐻𐑉𐐬𐑊𐐼.

𐐙𐐫𐑉 𐑄𐐮𐑅 𐑉𐐨𐑆𐐲𐑌, 𐐾𐐲𐑌𐐯𐐻𐐮𐑅𐐮𐑅𐐻𐑅 𐐸𐐰𐑂 𐐮𐐿𐑅𐐹𐐯𐑉𐐮𐑋𐐲𐑌𐐻𐐲𐐼 𐐶𐐮𐑄 𐑅𐐹𐐨𐑇𐐨𐑆 𐑋𐐲𐐽 𐑅𐐮𐑋𐐹𐑊𐐲𐑉 𐑄𐐰𐑌 𐑋𐐰𐑌—𐑅𐑋𐐫𐑊𐐲𐑉 𐐫𐑉𐑀𐐲𐑌𐐮𐑆𐑋𐑆 𐑄𐐰𐐻 𐐫𐑉 𐑇𐐫𐑉𐐻-𐑊𐐮𐑂𐐼, 𐐹𐑉𐐲𐐼𐐭𐑅 𐑋𐐯𐑌𐐨 𐐫𐑁𐑅𐐹𐑉𐐮𐑍, 𐐰𐑌𐐼 𐑄𐐰𐐻 𐐿𐐰𐑌 𐐺 𐐹𐐯𐑌𐐼 𐐲𐐹 𐐰𐑌𐐼 𐐲𐑊𐐵𐐼 𐐻𐐭 𐑋𐐩𐐻 𐐬𐑌𐑊𐐨 𐐲𐑌𐐼𐐲𐑉 𐑁𐐮𐐿𐑅𐐻 𐐿𐐲𐑌𐐼𐐮𐑇𐐲𐑌𐑆. 𐐝𐐲𐐽 𐐿𐑉𐐨𐐽𐐲𐑉𐑆 𐑋𐐩 𐐸𐐰𐑂 𐑁𐐷𐐭𐐲𐑉 𐐿𐑉𐐬𐑋𐐲𐑅𐐬𐑋𐑆 𐑄𐐰𐑌 𐑋𐐰𐑌 𐐼𐐲𐑆 𐐰𐑌𐐼 𐑄 𐑅𐐴𐐻𐑅 𐐲𐑂 𐑋𐐷𐐭𐐻𐐩𐑇𐐲𐑌 𐐫𐑉 𐑋𐐫𐑉 𐐨𐑆𐐮𐑊𐐨 𐐹𐐮𐑌𐐼 𐐼𐐵𐑌.

𐐈𐑌 𐐮𐑋𐐹𐐫𐑉𐐻𐐲𐑌𐐻 𐐲𐐺𐑆𐐲𐑉𐑂𐐩𐑇𐐲𐑌 𐑋𐐩𐐼 𐐮𐑌 𐑅𐐲𐐽 𐐮𐐿𐑅𐐹𐐯𐑉𐐮𐑋𐐲𐑌𐐻𐑅 𐐮𐑆 𐑄𐐰𐐻 𐑄 𐑋𐐲𐑇𐐨𐑌𐐲𐑉𐐨 𐐲𐑂 𐐮𐑌𐐸𐐯𐑉𐐮𐐻𐐲𐑌𐑅 𐐰𐑌𐐼 𐑋𐐷𐐭𐐻𐐩𐑇𐐲𐑌 𐐮𐑆 𐐮𐑅𐐯𐑌𐐽𐐲𐑊𐐨 𐑄 𐑅𐐩𐑋 𐐮𐑌 𐐫𐑊 𐐿𐑉𐐨𐐽𐐲𐑉𐑆 𐐰𐑌𐐼 𐑄𐐰𐐻 𐑄𐐯𐑉𐑁𐐫𐑉 𐑌𐐫𐑊𐐲𐐾 𐑀𐐩𐑌𐐼 𐑁𐑉𐐲𐑋 𐑂𐐯𐑉𐐨 𐑅𐐮𐑋𐐹𐐲𐑊 𐑅𐐹𐐨𐑇𐐨𐑆 (𐐨𐑂𐐲𐑌 𐑁𐑉𐐲𐑋 𐐺𐐰𐐿𐐻𐐮𐑉𐐨𐐲) 𐐮𐑆 𐐰𐐹𐑊𐐮𐐿𐐲𐐺𐐲𐑊 𐐻𐐭 𐑋𐐰𐑌. 𐐜𐐯𐑉 𐐮𐑆 𐐬𐑂𐐲𐑉𐐸𐐶𐐯𐑊𐑋𐐮𐑍 𐐯𐑂𐐮𐐼𐐲𐑌𐑅 𐐻𐐭 𐐮𐑌𐐼𐐮𐐿𐐩𐐻 𐑄𐐰𐐻 𐑄𐐮𐑅 𐐮𐑆 𐐻𐑉𐐭 𐐮𐑌 𐐾𐐯𐑌𐐲𐑉𐐲𐑊, 𐐫𐑊𐑄𐐬 𐑄𐐯𐑉 𐐫𐑉 𐑅𐐹𐐲𐑅𐐮𐑁𐐮𐐿 𐐮𐑌𐑅𐐻𐐲𐑌𐑅𐐲𐑆 𐐸𐐶𐐯𐑉 𐐮𐐻 𐐮𐑆 𐑌𐐫𐐻 𐐿𐐲𐑋𐐹𐑊𐐨𐐻𐑊𐐨 𐐻𐑉𐐭 𐐰𐑌𐐼 𐑅𐐴𐐲𐑌𐐻𐐮𐑅𐐻𐑅 𐑋𐐲𐑅𐐻 𐐻𐑉𐐯𐐼 𐑅𐐫𐑁𐐻𐑊𐐨 𐐸𐐶𐐴𐑊 𐐼𐑉𐐫𐐮𐑍 𐐿𐐲𐑌𐐿𐑊𐐭𐑈𐐲𐑌𐑆.

𐐜 𐐰𐑌𐐮𐑋𐐲𐑊𐑆 𐑋𐐬𐑅𐐻 𐐿𐐫𐑋𐐲𐑌𐑊𐐨 𐐷𐐭𐑆𐐼 𐐮𐑌 𐑅𐐻𐐲𐐼𐐨𐑆 𐐲𐑂 𐐾𐐲𐑌𐐯𐐻𐐮𐐿𐑅 𐐰𐑌𐐼 𐑋𐐷𐐭𐐻𐐩𐑇𐐲𐑌𐑆 𐐫𐑉 𐑅𐐲𐑉𐐻𐐲𐑌 𐑅𐐹𐐨𐑇𐐨𐑆 𐐲𐑂 𐑁𐑉𐐭𐐻 𐑁𐑊𐐴𐑆, 𐐿𐐫𐑊𐐼 Drosophila. 𐐜 𐐊𐑋𐐯𐑉𐐮𐐿𐐲𐑌 𐐾𐐲𐑌𐐯𐐻𐐮𐑅𐐮𐑅𐐻, 𐐐𐐯𐑉𐑋𐐲𐑌 𐐖. 𐐣𐐲𐑊𐐲𐑉, 𐐼𐐲𐑂𐐴𐑆𐐼 𐐻𐐯𐐿𐑌𐐨𐐿𐑅 𐐸𐐶𐐯𐑉𐐺𐐴 𐐸𐐨 𐐿𐐳𐐼 𐑅𐐻𐐲𐐼𐐨 𐑄 𐐲𐐿𐐲𐑉𐐲𐑌𐑅 𐐲𐑂 𐑊𐐨𐑃𐐲𐑊 𐑋𐐷𐐭𐐻𐐩𐑇𐐲𐑌𐑆 𐐯𐑌𐐨𐐸𐐶𐐯𐑉 𐐲𐑊𐐫𐑍 𐐶𐐲𐑌 𐐲𐑂 𐑄 𐑁𐐫𐑉 𐐹𐐯𐑉𐑆 𐐲𐑂 𐐿𐑉𐐬𐑋𐐲𐑅𐐬𐑋𐑆 𐐹𐐲𐑆𐐯𐑅𐐻 𐐺𐐴 Drosophila.

𐐂 𐑊𐐨𐑃𐐲𐑊 𐐾𐐨𐑌, 𐐸𐐨 𐑁𐐵𐑌𐐼, 𐑋𐐴𐐻 𐐶𐐯𐑊 𐐺 𐐹𐑉𐐲𐐼𐐭𐑅𐐻 𐑅𐐲𐑋𐐸𐐶𐐯𐑉 𐐲𐑊𐐫𐑍 𐑄 𐑊𐐯𐑍𐐿𐑃 𐐲𐑂 𐐪 𐐹𐐲𐑉𐐻𐐮𐐿𐐷𐐲𐑊𐐲𐑉 𐐿𐑉𐐬𐑋𐐲𐑅𐐬𐑋 𐐶𐐲𐑌𐑅 𐐵𐐻 𐐲𐑂 𐐯𐑂𐑉𐐨 𐐻𐐭 𐐸𐐲𐑌𐐼𐑉𐐲𐐼 𐐻𐐴𐑋𐑆 𐑄𐐰𐐻 𐐿𐑉𐐬𐑋𐐲𐑅𐐬𐑋 𐐲𐑌𐐼𐐲𐑉𐐶𐐯𐑌𐐻 𐑉𐐯𐐹𐑊𐐮𐐿𐐩𐑇𐐲𐑌. 𐐜𐐮𐑅 𐑋𐐨𐑌𐑆 𐑄𐐰𐐻 𐐵𐐻 𐐲𐑂 𐐯𐑂𐑉𐐨 200 𐑅𐐯𐐿𐑅 𐑅𐐯𐑊𐑆 𐐹𐑉𐐲𐐼𐐭𐑅𐐻 𐐺𐐴 Drosophila, 𐐶𐐲𐑌 𐐶𐐳𐐼 𐐿𐐲𐑌𐐻𐐩𐑌 𐐪 𐑊𐐨𐑃𐐲𐑊 𐐾𐐨𐑌 𐑅𐐲𐑋𐐸𐐶𐐯𐑉 𐐲𐑊𐐫𐑍 𐑄 𐑊𐐯𐑍𐐿𐑃 𐐲𐑂 𐑄𐐰𐐻 𐐿𐑉𐐬𐑋𐐲𐑅𐐬𐑋.

𐐜𐐰𐐻 𐐹𐐲𐑉𐐻𐐮𐐿𐐷𐐲𐑊𐐲𐑉 𐐿𐑉𐐬𐑋𐐲𐑅𐐬𐑋, 𐐸𐐵𐐯𐑂𐐲𐑉, 𐐿𐐲𐑌𐐻𐐩𐑌𐐼 𐐰𐐻 𐑊𐐨𐑅𐐻 500 𐐾𐐨𐑌𐑆 𐐿𐐩𐐹𐐲𐐺𐐲𐑊 𐐲𐑂 𐐲𐑌𐐼𐐲𐑉𐑀𐐬𐐮𐑍 𐐪 𐑊𐐨𐑃𐐲𐑊 𐑋𐐷𐐭𐐻𐐩𐑇𐐲𐑌. 𐐆𐑁 𐐨𐐽 𐐲𐑂 𐑄𐐬𐑆 𐐾𐐨𐑌𐑆 𐐮𐑆 𐐨𐐿𐐶𐐲𐑊𐐨 𐑊𐐴𐐿𐑊𐐨 𐐻𐐭 𐐲𐑌𐐼𐐲𐑉𐑀𐐬 𐑅𐐲𐐽 𐐪 𐑋𐐷𐐭𐐻𐐩𐑇𐐲𐑌, 𐑄𐐯𐑌 𐑄 𐐽𐐰𐑌𐑅 𐑄𐐰𐐻 𐐯𐑌𐐨 𐐶𐐲𐑌 𐐹𐐲𐑉𐐻𐐮𐐿𐐷𐐲𐑊𐐲𐑉 𐐾𐐨𐑌 𐐮𐑆 𐑊𐐨𐑃𐐲𐑊 𐐮𐑆 𐐶𐐲𐑌 𐐵𐐻 𐐲𐑂 200 × 500, 𐐫𐑉 1 𐐵𐐻 𐐲𐑂 100,000.

𐐜𐐮𐑅 𐐮𐑆 𐐪 𐐻𐐮𐐹𐐮𐐿𐐲𐑊 𐑋𐐷𐐭𐐻𐐩𐑇𐐲𐑌 𐑉𐐩𐐻 𐑁𐐫𐑉 𐐪 𐐾𐐨𐑌 𐐮𐑌 𐐸𐐴𐐲𐑉 𐐫𐑉𐑀𐐲𐑌𐐮𐑆𐑋𐑆 𐐾𐐯𐑌𐐲𐑉𐐲𐑊𐐨, 𐐰𐑆 𐑁𐐫𐑉 𐐰𐑆 𐐾𐐲𐑌𐐯𐐻𐐮𐑅𐐮𐑅𐐻𐑅 𐐿𐐰𐑌 𐐻𐐯𐑊 (𐑄𐐬 𐑄 𐑉𐐩𐐻𐑅 𐐫𐑉 𐑊𐐬𐐲𐑉 𐐲𐑋𐐲𐑍 𐐺𐐰𐐿𐐻𐐮𐑉𐐨𐐲 𐐰𐑌𐐼 𐑂𐐴𐑉𐐲𐑅𐐲𐑆). 𐐤𐐰𐐽𐐲𐑉𐐲𐑊𐐨, 𐐪 𐐽𐐰𐑌𐑅 𐑁𐐫𐑉 𐑋𐐷𐐭𐐻𐐩𐑇𐐲𐑌 𐐻𐐩𐐿𐑅 𐐹𐑊𐐩𐑅 𐐯𐑂𐑉𐐨 𐐻𐐴𐑋 𐐪 𐑌𐐭 𐐮𐑌𐐼𐐮𐑂𐐮𐐾𐐲𐐶𐐲𐑊 𐐮𐑆 𐐺𐐫𐑉𐑌. 𐐙𐑉𐐭𐐻 𐑁𐑊𐐴𐑆 𐐸𐐰𐑂 𐑋𐐯𐑌𐐨 𐑋𐐫𐑉 𐐫𐑁𐑅𐐹𐑉𐐮𐑍 𐐹𐐲𐑉 𐐷𐐮𐑉 𐑄𐐰𐑌 𐐸𐐷𐐭𐑋𐐲𐑌 𐐺𐐨𐐮𐑍𐑆, 𐑅𐐮𐑌𐑅 𐑄𐐯𐑉 𐐾𐐯𐑌𐐲𐑉𐐩𐑇𐐲𐑌𐑆 𐐫𐑉 𐑇𐐫𐑉𐐻𐐲𐑉 𐐰𐑌𐐼 𐑄𐐩 𐐹𐑉𐐲𐐼𐐭𐑅 𐑋𐐫𐑉 𐐷𐐲𐑍 𐐰𐐻 𐐪 𐐻𐐴𐑋. 𐐙𐐫𐑉

Ϛɾɲʌʅɪɞɪɞʅ Ψʌɸɔɘ Ϛ. Ɔɾʅɾɸ ɞʅɾdɘɪ Drosophila *ɪɲ ɸɪ6 ʅʌʌɾɸɾʅɷɸɘ. Ɑɸ. Ɔɾʅɾɸ ɷɾɲ ɘ Ⴕoɑʌʅ Ɪɸɸ6 ɪɲ 1946 ρɷɸ bɷɪ̈ɪ ɣɹʅ ɸɛdɘɛbɾɲ ɷɹɲ ɷɷ6 ɔɤɷʅɛbɾɲ6. (Ɵɘ ʅɛɕ 35.)*

ɣɹʅ ɸɘ6ɾɲ, ɣo ɣ ɔɤɷʅɛbɾɲ ɸɛʅ ɔɛ ɐ ɣ ɞɛɔ ɨɲ ρɸɷʅ ρʅɸ6 ɹ6 ɨɲ ɔɹɲ, ɔʌɲɘ ɔɵɸ ɹɷcɾɷɾʅ ɔɤɷʅɛbɾɲ6 ɵɸ ʅɸɾdɷɞʅ ʅɾɸ ɤɷɲɨʅ ʅɸɔ ɨɲ ρɸɷʅ ρʅɸ6 ɣɹɲ ɨɲ ɔʌɲ.

Ɣɨɞ dɾ6 ɲɵʅ ɔɘɲ ɣɹʅ ɣ ɞɨcɷɛbɾɲ ɔɛ ɐ ɨɷ̇ɲɵɸd ɨɲ ɣ ɷɛɞ ɾɞ ɔɹɲ. Ɵɾʅo6 ɣ ɸɛʅ ρɵɸ ʅɸɾdɾɷbɾɲ ɾɞ ɘ ʅɾɸʅɨɷɤɾʅɾɸ dʌʅɾʅɨɸɘɾɞ ϛɘɲ ɨɲ ɔɹɲ ɨ6 1 ɵ̇ʅ ɾɞ 100,000. Ɨʅ ɨ6 ʌɞʅɨcɛʅɾd ɣɹʅ ɘ ɸɤɷɔɾɲ ɞɘɨɪ ɸɹ6 ɹʅ ʅɘɞʅ 10,000 dɨρɾɸɾɲʅ ϛɘɲ6, ɹɲd ɣʌɸρɵɸ ɣ cɹɲɞ ɣɹʅ ɹʅ ʅɘɞʅ ɷɾɲ ɾɞ ɣ ϛɘɲ6 ɨɲ ɘ ɞʌɷɞ ɞʌʅ ɨ6 dʌʅɾʅɨɸɘɾɞ ɨ6 10,000 ɵ̇ʅ ɾɞ 100,000 ɵɸ 1 ɵ̇ʅ ɾɞ 10.

Ρɾɸɣɾɸɔɵɸ, ɨʅ ɨ6 ʌɞʅɨcɛʅɾd ɣɹʅ ɣ ɲɾɔɞɾɸ ɾɞ ϛɘɲ ɔɤɷʅɛbɾɲ6 ɣɹʅ ɵɸ ɷɘɷʅɘ dʌʅɾʅɨɸɘɾɞ ɵɸ ρɵɸ ʅɸɔ6 ɹ6 ɲɵɔɾɸɾɞ ɹ6 ɣo6 ɣɹʅ ɵɸ ɞʅɸɵɪʅɘ dʌʅɾʅɨɸɘɾɞ ɵɸ ʅɘɾɾʅ. Ɣ cɹɲɞɾ6 ɣɹʅ ɹʅ ʅɘɞʅ ɷɾɲ ϛɘɲ ɨɲ ɘ ɞʌɷɞ ɞʌʅ ɨ6 ɹʅ ʅɘɞʅ ɷɘɷʅɘ dʌʅɾʅɨɸɘɾɞ ɣʌɲ ɷɋd ɐ 4 + 1 ɵ̇ʅ ɾɞ 10, ɵɸ 1 ɵ̇ʅ ɾɞ 2.

Ɲɹcɾɸʅɘ, ɣɘ6 dʌʅɾʅɨɸɘɾɞ ϛɘɲ6 ɵɸ ɲɵʅ ɲʌɞɾɞʌɸʅɘ ɞʅɸʌd ɵ̇ʅ ɘɞɾɲʅɘ ɾɔɾɪ ɸɤɷɔɾɲ ɞɘɨɪ6 ɷɨɣ ɷɾɲ ʅɷ ɘ ɞʌɷɞ ɞʌʅ. Ɵɾɔ ɞʌɷɞ ɞʌʅ6 ɷɨʅ ɐ ɷʌɸɘɪ ɔɵɸ ɣɹɲ ɷɾɲ, ɣɾɞ ɨɷɸɘɞɨɪ ɣ ɲɾɔɞɾɸ ɣɹʅ ɔɛ ɐ ɨɷɞʅʌɷɾʅɾd ʅɷ ɷʌɸɘ ɲɾɲ ɹʅ ɵʅ. Ɑɞɾɲ ɞo, ɨʅ ɨ6 ɞɾʅo6d ɣɹʅ ɞʌɸɘ ɲɨɸʅɘ ɸɹρ ɣ ɞʌɷɞ ɞʌʅ6 ʅɸɾdɵɞʅ ɞɸ ɸɤɷɔɹɲɨʅɘ ɷʌɸɘ ɹʅ ʅɘɞʅ ɷɾɲ dʌʅɾʅɨɸɘɾɞ ϛɘɲ.

Ɑɞɾɲ ɣo oɲʅɘ ɸɹρ ɣ ɞʌɷɞ ɞʌʅ6 ɵɸ ρɸɘ ɾɞ dʌʅɾʅɨɸɘɾɞ ϛɘɲ6,

ɨʅ ɪɕ ɐʅɨʅ ʅɐɐɪɐʀʅ ʅɷ ʅɸʀdɷɐ ɵ ɐʌʅɨɐʀʌɷʅʀɸə ɴɷ ɕʌɴʀɸɛbʀɴ ʀɐ ɔʌɴ. Ɣʌʅ ɷʀɴ ɷʌɴ ɐə ɣʌʅ ɣ ɕʀɴʌʅɨɷ ʅɷd ɪɕ ɷɷɸʅ ɸʌɐə ʌɴd ɣʌʅ ʌɴəʟɪɴ ɣʌʅ ɷɸd ʅʌɴd ʅɷ ɨɴɷɸəɐ ɷʅ pʌʀʅ pɸɷ ʅɣ ɐəɷɐɪɴ ɨʅ ɷɸd ɐʀɸʅʀɴʅə ɐ ʀɴdʀɕɸʀɸʀɐʀʅ, ʌɴd ʅʀɸɸʌʅɐ əɐʀɴ dɛɴɕʀɸʀɐ.

Ɯə ʅʌɴd ʅɷ ɨɴɷɸəɐ ɣ ɕʀɴʌʅɨɷ ʅɷd ɐɸ ɸʀdɷɐɪɴ ɣ ɸɛʅ ʌʅ ɸɷɪɕ dʌʅʀʅɨɸəʀɐ ɕəɴɕ əɸ ɸʀɔɷɐd, ɣʌʅ ɪɕ, ɐɸ ʅɛɷɪɴ ɷʌɸ ʀɐ ɣ ɐɪɷ ʌɴd ɸʀʅəɸdʀd, ʌɴd ɐɸ ʅɸɸɪɴ ʅɷ ʅɸʀɐʌɴʅ dɪɐɷʀɔpʀɸʅ ʌɴd dʌʟ ʌʅ ɷʅ ʅʌɐʀʅɕ.

Ɣʌɸ ɪɕ, ɸəʌɐʀɸ, ɴɷ ɸɷɷɔɛɴ ɷʅʀɸɴʀʅɨɐ ʅɷ ɣɨɐ. ɸɷʀʅ’ɐ ɔəɸ, ɨʅ ɪɕ, ɐɸ ʌɴd ʅəɸɕ, ɷɴʅə ɣɷɕ ɷɨɣ ɐʅɸʅʅə dʌʅʀʅɨɸəʀɐ ɕəɴɕ ɸɷ əɸ ʅɸʀɕʀɸɐd ɕʀɴʌʅɨɷʀʅə. Ɨʅ ɪɕ ɣɷɕ ʅʀɸɐʀɴɕ ɷɨɣ ɴɸɐɸʅʀdɴʀɐ, ɷɨɣ dɸʀɐəʅəɕ, ʌɴd ɐɷ ɷɴ, ɸɷ, ɷɨɣ ɣ ɛd ʀɐ ɸʅʌɐʀɕ, ɨɴɐʀʅɨɴ, əɸ ʀɣʀɸ ʅɸəɔɐ, ɷʌɴ ɸɷ ɷɴ ʅɷ ʅɨɐ ɴɷɸɔʀʅ ʅɸɐɕ ʌɴd ɸʌɐ cɪʅdɸʀɴ ɨɴ ɣ ɣɷɐʀɷʀʅ ɴʀɔɐʀɸɕ. Ɣɷɕ ɷɨɣ ɐʅɸəɪɴʅə dʌʅʀʅɨɸəʀɐ ɕəɴɕ ɸɣʀɸ dɸ dʀɐʅɸʅ ɷʅ ɣʌʅ ɷʌɴ ɐ dʀɴ pəɸ ɣʌɔ əɐʀɴ ʅʀdɛ əɸ, ʌʅ ɣ ʅəɐʅ, dɷ ɴəʅ ɸʌɐ ɵ cʌɴɐ ʅɷ ɸʌɐ ɔʌɴə cɪʅdɸʀɴ.

Ɣ dɛɴɕʀɸ ʀɐ ʌɴ ɨɴɷɸəɐ ɨɴ ɣ ɕʀɴʌʅɨɷ ʅɷd ɸʌɐʅɐ ɔəɸ ɸʌɐʅə, ɣʌɴ, ʌʅ ɣ ʀɣʀɸ ʌɴd—ʌʅ ɔʌɕʀɸɕ ʅɣ (ɣɷɕʀɷʀʅə ɨʀdɐʀɸʅʀɴʅə əɸ ʀɴɴʅʌɴbʀɴʀʅə) ɨɴɷɸəɐ ɣ ɸɛʅ ʀɐ ʅɸʀdʀɷbʀɴ ʀɐ ɔɣɷʀʅɴ ɕəɴɕ. Ɨʅ ɪɕ ʅɷ ɣɨɐ ɔʌʅʀɸ ɷə ɷɨʅ ɴə ʅʀɸɴ.

3 | Φɛdəɛbɼʅ

ɸɼʅɸɞи Φɛdəɛbɼʅ

Ꞛɸ ɔꝺɵɼɸʅ ʅʌꝺʅɼʅɵɥꝺɼʅ ɞɞɞʅɞɞꝺɼʅ ɞꝺɞʅꝺɞɼɞ ɔɹʅꞷɸʅd ʅɷ ʅɷ ɕɹʅɼɸɼʅ ʅɸɹɞ ɼɞ ɕɼʅɹʅɞꝺ dɛʅɕɼɸɞ ɼʅʅꝺʅ ɼɸʅəɼɸ: ɞʅʅʅɹʅɞꝺ ꞷɹɔɞꞷɼʅɞ (ɞɸ ɼʅʅɸɹɞɼdɹʅʅɼdʅə ɸɸ ꞷɞʅɞɼʅʅɸɛbɼʅɞ ɼɞ ʅʅɕɼɸɼʅ ꞷɼʅɞ) ɹɞɞɼʅʅ ʅʅ ɼɸʅəɼɸ ʅɸɼɞ, ɹʅd ʅʅʅɹʅɞʅəɞ ɼɞ ɹʅɼɸɕɹʅɞꝺ ɸɛdəɛbɼʅ əꞷꞷɼʅə ɼʅʅꝺʅ ɞɸ ɼʅʅɸɹɞɼdɹʅʅɼd.

Ꞷɹɔɞꞷɼʅɞ ꞷɹʅ ʅʅʅɼɸɼʅɸ ꞷʅɣ ɣ ʅɸɵɞɹɞ ɼɞ ɸɹʅʅʅꞷɛbɼʅ ɞɸ ɵɼɼɸʅи ɵʅʅɹɸʅɼʅ ʅʌʅʅꞷɛɞ ꞷʅɣ ɸꞷʅɔ ɣ ɞɹʅɥɼʅɼɸ ɔɼbəʅɼɸə ʅɞ ʅɞʅ ʅɸɼʅɹɸd ʅɷ ꞷɵʅ. Ꝭʅ ɕɹʅɼɸɼʅ, ɸɵɹɞɼɸ, ʅʅ ʅɞ ɵʅʅə ɣɵɞ ɞɹʅɞ ʅʅ dɼɸɹꞷʅ ꞷɞʅʅɹꞷʅ ꞷʅɣ ɣ ꞷɹɔɞꞷɼʅɞ ɣɹʅ ɞɸ ɞɵ ɼρɹꞷʅɼd, ɞɼɔ ɹɞ ɣ ɞꞷʅ, ɣ ʅʅʅɹɞʅʅʅɼʅ ʅɸʅʅʅɞ, ɣ ʅɼʅɞ, ɹʅd ɣ ʅʅɞɼɸ (ɸꞷʅɔ ʅɞ ɹꞷʅʅɞ ʅʅ ɵʅʅɼɸʅи ɹʅd ɞɹʅʅи ɸʅd ɼɞ ρɵɸɼʅ ꞷɹɔɞꞷɼʅɞ). Ɣəɞ ɔɛ ʅʅdɼɸɞɵ ɞɼɔɹʅʅꞷ ɔɥɵʅɛbɼʅɞ, ɹʅd ɹʅ ʅʅꞷɸəɞʅ ʅʅɞdɼʅɞ ɼɞ ꞷɹʅɞɼɸ ʅʅ ɣɵɞ ʅʅbɵɞ ʅɞ ɼɔɼи ɣ dɸɹɞʅʅꞷ ɸɼɞɼʅə ɼɞ ʅꞷɞʅɵsɼɸ ʅɷ ɞɼɸʅɼʅ ꞷɹɔɞꞷɼʅɞ.

ɞɼɔ ꞷɹɔɞꞷɼʅɞ ɞɸ ʅɞʅ, ɸɵɹɞɼɸ, ʅɸꞷʅə ʅɷ ꞷɼɔ ʅʅ ꞷɞʅʅɹꞷʅ ꞷʅɣ ɣ ɞɵʅɹdɞ ɸꞷɹɸ ɣ ɞɹꞷɞ ɞɹʅɞ ɞɸ ʅɸɼdɵɞʅ. Ψꞷɸɼʅ ʅʅdʅɞʅɕɼꞷɼʅ ʅɼɸɞɼʅɞ ɔɛ ɞ ʅɸɹʅɼʅd ɞɸ ɣ ɔɹʅɼɸ ʅʅ ɸꞷʅɔ ɣ ʅʅɞɸɸɼʅɔɼʅ ʅɞ ɞɞʅи ʅɼɸɔɛʅɼd ꞷʅɣ ʅɞɞɼʅ ꞷɹɔɞꞷɼʅɞ, ɣ ʅʅꞷɞʅ ɕɹʅɼɸɛbɼʅ ʅɞ ʅɞʅ ɼρɹꞷʅɼd ʅʅ ɼdɞɹʅɞ.

Φɛdəɛbɼʅ ʅɞ ɼʅɼɣɼɸ ɔɹʅɼɸ. Ꝭʅ ʅʅɞ ɞɸɵdɼɞʅ ɞɹʅɞ, ɸɛdəɛbɼʅ ʅɞ ɹʅə ρɼʅɞɔɼʅɞʅ ɞʅɸɹdʅи ɞʅ ρɸɼɔ ɞɼɔ ɞɵɸɞ ʅʅ ɵʅ dɼɸɹꞷbɼʅɞ. Ᵽʅɞꞷɼʅə, ɞɼɔ ɸɛdəɛbɼʅ ɔɛ ꞷɼʅɞʅɞʅ ɼɞ ꞷɛɞɞ ɞɸ ɼɞ ʅɞɸʅʅꞷɼʅɞ.*

---

*Ʌꞷɔɼꞷɼʅə, ɵʅ ꞷɛɞɞ ɸɹɞ ɞɼɔ ɼɞ ɣ ꞷɹɸɼꞷʅɼɸʅɞʅʅꞷɞ ɼɞ ʅɞɸʅʅꞷɼʅɞ ɹʅd ɵʅ ʅɞɸʅʅꞷɼʅɞ ɸɹɞ ɞɼɔ ɼɞ ɣ ꞷɹɸɼꞷʅɼɸʅɞʅʅꞷɞ ɼɞ ꞷɛɞɞ. Ɣꝺsɼꞷɼʅə, ɸɵɹɞɼɸ, ɣ ɸɛdəɛbɼʅ ʅɞ ʅɸɼdəɔʅʅɼʅʅʅə ꞷɼʅ ɞɸ ɣ ɼɣɼɸ ɹʅd ʅʅʅɼʅ ꞷɼʅρɥꝺsɼʅ ɼɸɸɛɼɞ ɼʅdɼɸ ɵɸdʅʅɹɸə ɞɼɸꞷɼɔɞʅɹʅɞɼɞ ʅʅ ɞʅəꞷи ɼɞ ꞷɛɞɞ ɹʅd ʅɞɸʅʅꞷɼʅɞ ɹɞ ɣɵ ɣɛ

Ƿɞ ɣ ɯɛɞ ρɸɔɞ ɣ ʅɷ ɞʌɞʅ-ɴoɴ ɘɸ ɞɵɴd ɹɴd ɨɺʌɯʅɸᴦɔɹώɴɹʅɨɯ ɸɛdɘɛbᴦɴɞ.

Ɵɵɴd ɯʌɸɘɞ ɞʌɸɘ ʅo ɯɘɴɞᴦɴʅɸɛbᴦɴɞ ᴦɞ ʌɴᴦɸςɘ. Ƴɨɞ ʌɴᴦɸςɘ ɨɞ ᴦɞɞɸɞd ɞɸ ʅɨɞɨ ʅɨbɷ ɹɴd ɯᴦɴɞᴦɸʅᴦd ɨɴʅɷ ɸɘʅ. ɸɘʅ ɴ ɨʅɞɹʅρ ɯɹɴ ɴɯɸɘɞ ɣ ɔɤɷʅɛbᴦɴ ɸɛʅ ɞᴦʅ ɣ ɨᴘʌɯ ɨɞ ɘ ɞɔɷʅ ɯᴦɴ. Ƴ ɞɘdɘ ɸɹɞ ɨᴘʌɯʅɨɞ ɔᴦbɘɴᴦɸɘ ρɸɸ ɯɘɿɨɴ ɨʅɞ ʅʌɔɿᴦɸᴦɔᴦɸ ɯɘɴɞʅᴦɴ ɹɴd ɣ ώoɴɹdɞ ɘɸ ɴɘʅ ʅɸɯɘʅɘ ʅɷ ɞᴦρᴦɸ ᴦɴdɷʅɘ ρɸᴦɔ ɨɯɞɿoɞᴦɸ ʅɷ ɸɘʅ.

Ɨʅʌɯʅɸᴦɔɹώɴɹʅɨɯ ɸɛdɘɛbᴦɴ ɯᴦɔɞ ɴ ɘ ɯɸd ɸɛɴς ᴦɞ ʌɴᴦɸςɘɞ, ɯɨɣ ɞɨɞɨɞᴦʅ ʅɸʅ (ɣ ɞʌɞʅ-ɴoɴ ɨώɞɹɔɿᴦʅ ᴦɞ ɞᴦɔ ɸɛdɘɛbᴦɴ ɞᴦɯᴦɞ ɯɘ ɯɹɴ dᴦɹʌɯʅ ɨ dᴦɸʌɯʅɘ ɹɴd ɯɨɣ ώɸɛʅ ɞʌɴɞɨʅɨɞɨʅɘ) ᴦɞɵʅ ɴ ɣ ɔɨdᴦʅ ᴦɞ ɣ ɸɛɴς. Ɨʅʌɯʅɸᴦɔɹώɴɹʅɨɯ ɸɛdɘɛbᴦɴɞ ʅʌɞ ʌɴᴦɸςʌʅɨɯ ɣɹɴ ʅɸʅ (ɞᴦɔ ɹɞ ɨɴᴦɸᴦɸʌd ɯɛɞɞ ɹɴd ɔɘɯɸoɯɛɞɞ) ɘɸ ɯᴦɴɞᴦɸʅᴦd ɨɴʅɷ ɸɘʅ ɸɯʌɴ ᴦɞɞɸɞd ɞɸ ʅɨɞɨ ʅɨbɷ. Ƴ ɸɘʅ ɣᴦɞ ρɸɸɔd ɨɞ ɞᴦρɨbᴦɴʅ ʅɷ ɯɷɞ ɹʅᴦɔɞ ɹɴd ɔɘʅᴦɷɤɷʅɘ ʅɷ ɞɸʌɸɛʅ ɔɘɸ ɸɹɿɨdʅɘ, ɞᴦʅ ɣɨɞ ɹdᴦd ɞɸʌɸɛbᴦɴ ɨɞ ɴɘʅ ɤɷɞᴦɯᴦʅɘ ɞᴦρɨbᴦɴʅ ʅɷ ɿʅʅ ɔɘʅᴦɷɤɷʅɘ ᴦɿɘɸʅ ɹɴd ɣʌɸρɷɸ dᴦɞ ɴɘʅ ɞɸɨɴ ᴦɞɵʅ ɯʌɔɨɯᴦʅ cɛɴςᴦɞ.

Ɩɸʅ ɯɨʅ ɞɸɨɴ ᴦɞɵʅ ɞᴦɔ ɯʌɔɨɯᴦʅ cɛɴςᴦɞ. Ɨʅ ɨɞ ʌɴᴦɸςʌʅɨɯ ɨᴦρ ʅɷ ɯɷɞ ɘ ɔɨɯɞɔᴦɸ ᴦɞ ɸɸdɸᴦςᴦɴ ɹɴd ɯʅɸɸɘɴ ʅɷ ɨɯɞʅɿod. Ɨʅ ɯɨʅ ɞɸɛɯ ᴦʅ ɞɨʅɞᴦɸ ɯɘɔʅɵɴdɞ ɹɴd ʅɸᴦdɷɞ ʅɸɴɞ ɞʅʌɯ ώɸɛɴɞ ᴦɞ ɔᴦɴɹʅɨɯ ɞɨʅɞᴦɸ (ɣ ɯʌɔɨɯᴦʅ ɞɛɞɨɞ ᴦɞ ρᴦʅɷώɸᴦρɘ). Ɩɨɞɨɴ ʅɨbɷ, ɸɵʌɞᴦɸ, ɨɞ ʅɸɸςʅɘ ᴦɴᴦρʌɯʅᴦd—ɣ ɸʌʅɨɴᴦ ᴦɞ ɣ ɸ ɞɘɨɴ ɯᴦɴ ɘɞɞɘᴦɞ ɨɯɞʌɿbᴦɴ.

Ƿʅɸᴦɞɸᴦʅᴦʅ ʅɸʅ, ɸɯɨc ɨɞ ɔɘɸ ʌɴᴦɸςʌʅɨɯ ɣɹɴ ɞɨɞɨɞᴦʅ ʅɸʅ, ɯɘɸᴦɞɿɞɿɴdɨɴɨʅɘ ɯɹɴ ɞɸɨɴ ᴦɞɵʅ ɯʌɔɨɯᴦʅ cɛɴςᴦɞ ɔɘɸ ɘɞɨʅɘ. Ɨʅ ɯɨʅ ɸʌdᴦɴ ɣ ɞɯɨɴ, ɞʅɨɔɤᴦʅɛʅ ɣ ʅɸᴦdᴦɯbᴦɴ ᴦɞ ʅɨώɔᴦɴ, ɹɴd ɞɸɛɯ ᴦʅ ɞᴦɸʅᴦɴ ɞʅʌɸɵɨd ɔɘʅᴦɷɤɷʅɘ ʅɷ ρɸɸɔ ɞɸʅᴦɔɨɴ D. Ɨʅ ɯɨʅ ɘɞᴦɴ ɨɴʅᴦɸρɨɸ ɯɨɣ ɸʌʅʅɨɯɛbᴦɴ ʅɷ ɞᴦɔ ɨɯɞʅɹɴ. Ɂʅ ʅɘɞʅ ɣʌɸ ɨɞ ʌɞɨdᴦɴɞ ɣɹʅ ʅɸɞɨɞʅᴦɴʅ ɨɯɞʅɿoɞᴦɸ ʅɷ ɞᴦɴʅɸʅ ɞɸɨɴɞ ᴦɞɵʅ ɘ ɸɸʅᴦɴd ʅʌɴdᴦɴɞɞ ʅɷ ɞɯɨɴ ɯɹɴɞᴦɸ. Ƿʅɸᴦɞɸᴦʅᴦʅ ʅɸʅ ɨɞ ɴɘʅ ɞʌɸɘ ʅʌɴᴦʅɸɛʅɨ, ɸɵʌɞᴦɸ, ɹɴd ɨʅɞ ɨᴘʌɯʅɞ ɘɸ ɯᴦɴρɸɴd ʅɷ ɣ ɞɯɨɴ.

Ɨʅʌɯʅɸᴦɔɹώɴɹʅɨɯ ɸɛdɘɛbᴦɴɞ ɔɘɸ ʌɴᴦɸςʌʅɨɯ ɣɹɴ ᴦʅɸᴦɞɸᴦʅᴦʅ ʅɸʅ, ɞᴦɔ ɹɞ X ɸɛɞ ɹɴd ώɹɔᴦ ɸɛɞ, ɯʌɸɘ ɞᴦρɨbᴦɴʅ ɯɘɴɞᴦɴʅɸɛbᴦɴɞ ᴦɞ ʌɴᴦɸςɘ ʅɷ ɞɸɨɴ ᴦɞɵʅ cɛɴςᴦɞ ɴɘʅ oɴʅɘ ɴ

ωᴦɸ ɞʌʅᴦɸᴦʅ ρᴦɴɘɔᴦɴᴦ.

𐑋𐐪𐑊𐐲𐐿𐐷𐐭𐑊𐑆 𐐺𐐲𐐻 𐐮𐑌 𐑄 𐑂𐐯𐑉𐐨 𐑅𐐻𐑉𐐲𐐿𐐽𐐲𐑉 𐐲𐑂 𐑄 𐐰𐐻𐐲𐑋𐑆 𐑋𐐩𐐿𐐮𐑍 𐐲𐐹 𐑄𐐬𐑆 𐑋𐐪𐑊𐐲𐐿𐐷𐐭𐑊𐑆.

𐐈𐐻𐐲𐑋𐑆 𐐿𐐲𐑌𐑅𐐮𐑅𐐻 𐐲𐑂 𐐹𐐪𐑉𐐻𐐮𐐿𐐲𐑊𐑆 (𐐮𐑊𐐯𐐿𐐻𐑉𐐪𐑌𐑆), 𐐨𐐽 𐐿𐐯𐑉𐐨𐐮𐑍 𐐲 𐑌𐐯𐑀𐐲𐐻𐐮𐑂 𐐮𐑊𐐯𐐿𐐻𐑉𐐮𐐿 𐐽𐐪𐑉𐐾 𐐰𐑌𐐼 𐑅𐐲𐑉𐐿𐐲𐑊𐐮𐑍 𐐲 𐐻𐐴𐑌𐐨 𐑅𐐯𐑌𐐻𐑉𐐲𐑊𐐨 𐑊𐐬𐐿𐐩𐐻𐐲𐐼 𐑌𐐭𐐿𐑊𐐨𐐲𐑅, 𐐶𐐮𐐽 𐐿𐐯𐑉𐐨𐑆 𐐲 𐐹𐐪𐑆𐐮𐐻𐐮𐑂 𐐮𐑊𐐯𐐿𐐻𐑉𐐮𐐿 𐐽𐐪𐑉𐐾.

𐐃𐑉𐐼𐐮𐑌𐐯𐑉𐐮𐑊𐐨, 𐑄 𐑌𐐯𐑀𐐲𐐻𐐮𐑂 𐐽𐐪𐑉𐐾𐐲𐑆 𐐲𐑂 𐑄 𐐮𐑊𐐯𐐿𐐻𐑉𐐪𐑌𐑆 𐐾𐐲𐑅𐐻 𐐺𐐰𐑊𐐲𐑌𐑅 𐑄 𐐹𐐪𐑆𐐮𐐻𐐮𐑂 𐐽𐐪𐑉𐐾 𐐪𐑌 𐑄 𐑌𐐭𐐿𐑊𐐨𐐲𐑅 𐑅𐐬 𐑄𐐰𐐻 𐐰𐐻𐐲𐑋𐑆 𐐰𐑌𐐼 𐑋𐐪𐑊𐐲𐐿𐐷𐐭𐑊𐑆 𐐻𐐯𐑌𐐼 𐐻𐐭 𐐺𐐨 𐐮𐑊𐐯𐐿𐐻𐑉𐐮𐐿𐐲𐑊𐐨 𐑌𐐭𐐻𐑉𐐲𐑊. 𐐈𐑌 X 𐑉𐐩 𐐫𐑉 𐑀𐐰𐑋𐐲 𐑉𐐩, 𐐿𐑉𐐰𐑇𐐮𐑍 𐐮𐑌𐐻𐐭 𐐰𐑌 𐐰𐐻𐐲𐑋, 𐐶𐐮𐑊, 𐐸𐐵𐐯𐑂𐐲𐑉, 𐐾𐐪𐑉 𐐮𐑊𐐯𐐿𐐻𐑉𐐪𐑌𐑆 𐑊𐐭𐑅. 𐐎𐐲𐐻 𐐮𐑆 𐑊𐐯𐑁𐐻 𐐲𐑂 𐑄 𐐰𐐻𐐲𐑋 𐐶𐐮𐑊 𐐿𐐯𐑉𐐨 𐐲 𐐹𐐪𐑆𐐮𐐻𐐮𐑂 𐐮𐑊𐐯𐐿𐐻𐑉𐐮𐐿 𐐽𐐪𐑉𐐾 𐐶𐐮𐑄 𐑄 𐐽𐐪𐑉𐐾 𐑅𐐴𐑆 𐐹𐑉𐐲𐐹𐐫𐑉𐑇𐐲𐑌𐐲𐑊 𐐻𐐭 𐑄 𐑌𐐲𐑋𐐺𐐲𐑉 𐐲𐑂 𐐮𐑊𐐯𐐿𐐻𐑉𐐪𐑌𐑆 𐑊𐐫𐑅𐐻.

𐐈𐑌 𐐰𐐻𐐲𐑋 𐑁𐑉𐐰𐑀𐑋𐐲𐑌𐐻 𐐿𐐯𐑉𐐨𐐮𐑍 𐐰𐑌 𐐮𐑊𐐯𐐿𐐻𐑉𐐮𐐿 𐐽𐐪𐑉𐐾 𐐮𐑆 𐐿𐐫𐑊𐐼 𐐰𐑌 *𐐴𐐪𐑌*. X 𐑉𐐩𐑆 𐐰𐑌𐐼 𐑀𐐰𐑋𐐲 𐑉𐐩𐑆 𐐪𐑉 𐑄𐐯𐑉𐑁𐐫𐑉 𐐮𐑀𐑆𐐰𐑋𐐹𐐲𐑊𐑆 𐐲𐑂 *𐐴𐐲𐑌𐐴𐑆𐐮𐑍 𐑉𐐩𐐼𐐨𐐩𐑇𐐲𐑌*.

𐐡𐐩𐐼𐐨𐐩𐑇𐐲𐑌𐑆 𐑋𐐩 𐐿𐐲𐑌𐑅𐐮𐑅𐐻 𐐲𐑂 𐑁𐑊𐐴𐐮𐑍 𐐹𐐪𐑉𐐻𐐮𐐿𐐲𐑊𐑆, 𐐻𐐭, 𐐰𐑌𐐼 𐐮𐑁 𐑄𐐨𐑆 𐐿𐐯𐑉𐐨 𐑅𐐲𐑁𐐮𐑇𐐲𐑌𐐻 𐐯𐑌𐐲𐑉𐐾𐐨 𐑄𐐩 𐐪𐑉 𐐫𐑊𐑅𐐬 𐐴𐐲𐑌𐐴𐑆𐐮𐑍 𐐮𐑌 𐐿𐐰𐑉𐐲𐐿𐐻𐐲𐑉. 𐐆𐑀𐑆𐐰𐑋𐐹𐐲𐑊𐑆 𐐪𐑉 *𐐿𐐪𐑆𐑋𐐮𐐿 𐑉𐐩𐑆*, *𐐰𐑊𐑁𐐲 𐑉𐐩𐑆*, 𐐰𐑌𐐼 *𐐺𐐩𐐻𐐲 𐑉𐐩𐑆*. 𐐗𐐪𐑆𐑋𐐮𐐿 𐑉𐐩𐑆 𐐪𐑉 𐑅𐐻𐑉𐐨𐑋𐑆 𐐲𐑂 𐐹𐐪𐑆𐐮𐐻𐐮𐑂𐑊𐐨 𐐽𐐪𐑉𐐾𐐼 𐑌𐐭𐐿𐑊𐐨𐐴, 𐐹𐑉𐐲𐐼𐐪𐑋𐐮𐑌𐐲𐑌𐐻𐑊𐐨 𐑄𐐬𐑆 𐐲𐑂 𐑄 𐐯𐑊𐐲𐑋𐐲𐑌𐐻 𐐸𐐴𐐼𐑉𐐲𐐾𐐲𐑌. 𐐈𐑊𐑁𐐲 𐑉𐐩𐑆 𐐪𐑉 𐑅𐐻𐑉𐐨𐑋𐑆 𐐲𐑂 𐐹𐐪𐑆𐐮𐐻𐐮𐑂𐑊𐐨 𐐽𐐪𐑉𐐾𐐼 𐐸𐐨𐑊𐐨𐐲𐑋 𐑌𐐭𐐿𐑊𐐨𐐴. 𐐒𐐩𐐻𐐲 𐑉𐐩𐑆 𐐪𐑉 𐑅𐐻𐑉𐐨𐑋𐑆 𐐲𐑂 𐑌𐐯𐑀𐐲𐐻𐐮𐑂𐑊𐐨 𐐽𐐪𐑉𐐾𐐼

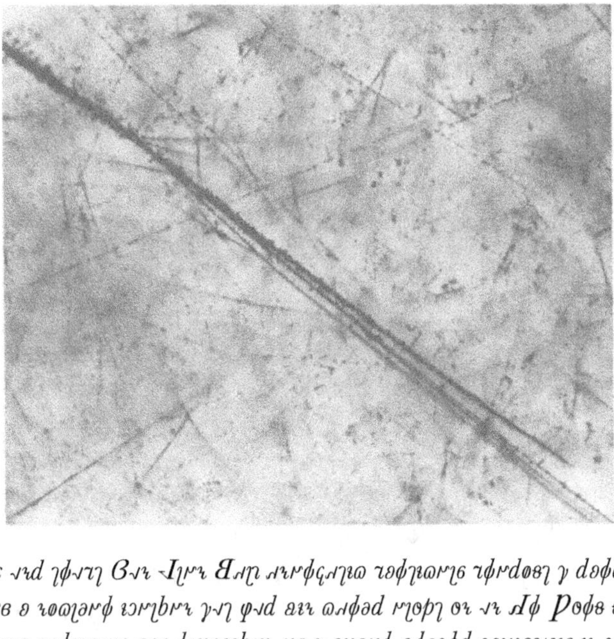

𐐗𐐪𐑆𐑋𐐮𐐿 𐑉𐐩 𐐰𐑌𐐼 𐐻𐑉𐐰𐐹𐐻 𐐚𐐰𐑌 𐐈𐑊𐐲𐑌 𐐒𐐯𐑊𐐻 𐐯𐑌𐐲𐑉𐐾𐐯𐐻𐐮𐐿 𐐹𐐪𐑉𐐻𐐮𐐿𐐲𐑊𐑆 𐐹𐑉𐐲𐐼𐐭𐑅 𐑄 𐐼𐐪𐑉𐐿 𐐻𐑉𐐰𐐿𐑅 𐐮𐑌 𐑄𐐮𐑅 𐑁𐐬𐐻𐐬 𐐲𐑂 𐐲 𐑌𐐭𐐿𐑊𐐨𐐲𐑉 𐐮𐑋𐐲𐑊𐑇𐐲𐑌 𐑄𐐰𐐻 𐐸𐐰𐐼 𐐺𐐮𐑌 𐐿𐐯𐑉𐐨𐐼 𐐲𐑊𐐪𐑁𐐻 𐐪𐑌 𐐰𐑌 𐐁𐑉 𐐙𐐬𐑉𐑅 𐐺𐐲𐑊𐐭𐑌. 𐐜 𐐯𐑌𐐲𐑉𐐾𐐯𐐻𐐮𐐿 𐐹𐐪𐑉𐐻𐐮𐐿𐐲𐑊𐑆 𐐿𐐫𐑆 𐐴𐐲𐑌𐐮𐑆𐐩𐑇𐐲𐑌 𐐲𐑂 𐑄 𐑅𐐮𐑊𐑂𐐲𐑉 𐐺𐑉𐐬𐑋𐐴𐐼 𐑋𐐪𐑊𐐲𐐿𐐷𐐭𐑊𐑆 𐐮𐑌 𐑄 𐐮𐑋𐐲𐑊𐑇𐐲𐑌.

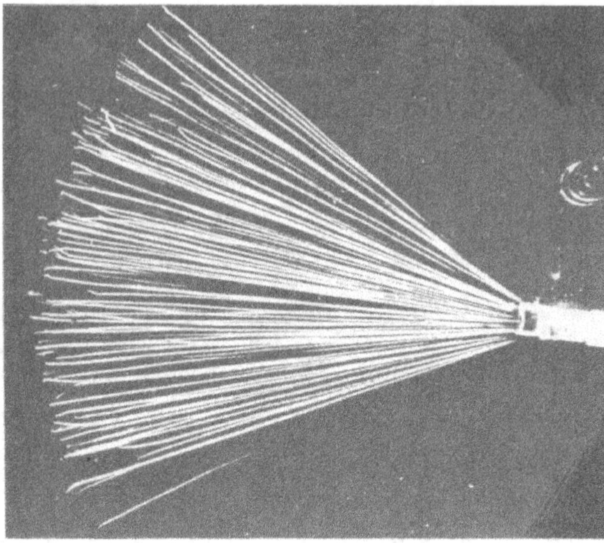

Ɉɣpr ɿɵϕɣɪɯrɣɞ ɪɔɪɣrd ɑɸ ɣ ɞɵϕɞ ɹɣ ϕɸɣ ɭəɞ ɣϕɹɯɞ ɪъ ɵ ɯɭə́d cεɔɑrϕ. Ɵrɔ ɣϕɹɯɞ ɵϕ ɑɹъɣ ъɪϕ ɣ ɹъd ɹɞ ɵ ϕrɞrɣɭ rɞ ɯrɭɪsrъɞ ɯɪɣ rɣəɔɪɯ ъɵɯɭəɸ. Ɵrc ɯrɭɪsrъɞ ɵϕ ɔɵϕ ɭɸɯɭə ɹɣ ɣ ɹъd rɞ ɵ ɣϕɹɯ φɯɹъ ɣ ɹɣpr ɿɵϕɣɪɯrɣ φɹɞ ɑɪъ ɞɭod dǝ̇ъ.

ɨɭлɯɭϕɵъɞ. Ɣ ъdɨɞɨçrɯrɭ ɿɵϕɭɨɯrɭɞ ɯrъɭεъd ɨъ ɣəɞ ϕεɞ ɔε ɞ ϕrprϕd ɭɸ ɹɞ *ɯɵɞɔɪɯ ɿɵϕɣɪɯrɣɞ*, *ɹɣpr ɿɵϕɣɪɯrɣɞ*, ɹъd *ɑεɣr ɿɵϕɣɪɯrɣɞ*, ϕrɞɿлɯɭɨɞɭə.

Φrъϕɞɨи ϕεdəεbrъ ɨɞ ɯεɿrɞrɭ rɞ ɨɔɿɵϕɭɨи ɞo ɔrc лъrϕçə ɭɸ ɔəɭrɯɤɸɭɞ ɹɞ ɭɸ ɯɵɞ ɣлɔ ɭɸ ɞɸɞϕεɭ ɣлɔɞлɭɞɞ rɿɵϕɭ, ɿϕrdɸɞɨи ъəɭ oъɭə ɸɵъɞ ɑrɭ ɵɭɞo ϕɸ-лъrϕçə rъcɵϕçd ɔrɭлɯɤrɭrϕ pϕɹώɔrъɭɞ ɯɵɭd *pϕə ϕɹdɨɯrɣɞ*.

Ɣ drϕлɯɭ ɨpлɯɭ rɞ ɸrъɸɞɨи ϕεdəεbrъ ɵъ ɯϕoɔrɞoɔɞ ɯɹъ ɞ ɞɨϕərɞ. Ɨъrp ɯлɔɨɯrɭ ɞɵъdɞ ɔε ɞ dɨɞϕrɿɭrd ɞo ɣɹɭ ɵ ɯϕoɔrɞoɔ ɞɭϕrɯ ɞɸ ɵ ϕɸ-лъrϕçə ɯεɞ ɵϕ ɿɵϕɭɨɯrɭ ɔε ɞϕεɯ ɨъɭɸ pϕɹώɔrъɭɞ. Ɗɞrъ ɨp ɣ ɯϕoɔrɞoɔ ɔɹъrçrɞ ɭɸ ϕrɔεъ ɨъɭɹɯɭ, ɹъ ъdɨɞɨçrɯrɭ çəъ rɭɵи ɨɭɞ ɭлиɯʟ ɔε ɞ ɞɹdɭə dɹɔrçd ɹъd ɵ ɔɤɸɭεbrъ ɔε ɞ ɿϕrdɸɞɭ.

Ɨp oъɭə drϕлɯɭ φɨɭɞ ɔɹɭrϕd, ϕεdəεbrъ ɨpлɯɭɞ ɯqd ɞ ɭлɞ dεъçrϕrɞ ɣɹъ ɣε ɵϕ, ɞɨъɞ ɞrc drϕлɯɭ φɨɭɞ ɵϕ ɯrɔɿлϕrɭɨɞɭə pɤɸ. Φǝ̇лɞrϕ, ъɨϕ-ɔɨɞrɞ ɔε ɵɭɞo ɞ dлdɭə. Ƌ ɞɭϕəɯɨи ɞɨɭ rɞ ϕεdəεbrъ ɔε ɞɭϕɸɯ ɵ ɯɵɭrϕ ɔəɭrɯɤɸɭ ъɨϕ ɵ çəъ ɹъd ɔε ɞϕεɯ rɿ ɣ ɔəɭrɯɤɸɭ ɭɸ pɵϕɔ ɵ pϕə ϕɹdɨɯrɭ. Ɣ pϕə ϕɹdɨɯrɭ ɯɨɭ ɞ ɞrpɨbrъɭɭə лъrϕçлɭɨɯ ɭɸ ɞϕɨи rɞǝ̇ɭ ɵ ɯлɔɨɯrɭ ϕəɹɯbrъ ωɨɣ ɵɭɔɵɘɿ ɹъɘ ɔɘɭɼωɤɷɭ ɨɿ ɵɿφɸωɵ. Ɨɒ ɨɿ φɹɿɼъ6 ɿɷ ɵɿφɸω ɣ ъɛɵɼφɨи ϛəъ ɵɼɒɷφ ɨɿ φɹ6 dɨɵɿɔɛd ɼɵ ɣɹɿ ɹъɼφϛə, ɨɿ ωɨɭ ɿφɼdɷɵ ɣ ɔɤɷɿɛbɼъ ɹ6 bɋφɭə ɹ6 ɣ ɼφɨϛъɼɭ φɛdəɛbɼъ ɔɸɿ φɹɵ.

Ƥɼφɣɼφɔɷφ, ɸɼъɸɵɨи φɛdəɛbɼъ6 (ɿɼφɿɨωɤɼɭɼφɭə ɼɵ ɣ ɨɭɹωɿφɼɔɹώъɭɿɨω ɵɼφɸɼɿə) ɿɹъd ɿɷ ɵ ɿɹъɼɿφɛɿɨи, ɵɷ ɣɹɿ ɣ ɨъɿɨφəɼφ ɼɵ ɣ ɵɵdə ɨ6 ɹ6 ɨωɵɿɔɛd ɹ6 ɨ6 ɣ ɵɼφƥɼɵ. Ɣ ώɔъɹd6 ωɹъɵɿ φɸd ƥφɼɔ X φɛ6, ώɹɔɼ φɛ6, ɵφ ωɵ6ɔɨω ɿɷφɿɨωɼɭ6.

Ɵɭ ɣə6 φɛdəɛbɼъ6 ωɹъ ɵφɨи ɼɵə́ɿ ɵɼɔɹɿɨω ɔɤɷɿɛbɼъ6—ɵɭ ωɹъ ωɵ6 ωɹъɵɼφ, ƥɷφ ɨъɵɿɼъɵ.

Ψωɼɿ ɨ6 ωɼφɵ, ɵɭ ɼɵ ɣɹɔ ɨъωφəɵ ɣ φɛɿ ɼɵ ϛɼъɹɿɨω ɔɤɷɿɛbɼъ6 ɵɷ ɣɹɿ ɣɹφ ɿφɹ6ɼъɵ ɩφɹɿɼъ6 ϛɹъɼφɛbɼъ6 ɼъɵɷφъ ɹ6 ωɹɭ ɹ6 ɣ ɨъdɨɵɨϛɼωɼɭ6 ɹωϲɼωɼɭə ɨωɵɿɔɛd.

Ɐɹɷώφǿɤd Φedəɛbɼъ

Φɼъɸɵɨи φɛdəɛbɼъ ɨъ ɭɷ ɨъɿɹъɵɨɿə6 ɨ6 ɿəφɿ ɼɵ ɵ́φ ъɹϲɼφɼɭ ɨъɵɸφɼъɔɼъɿ. Ɵɼϲ ъɹϲɼφɼɭ φɛdəɛbɼъ ɨ6 φɼƥɼφd ɿɷ ɹ6 *ɐɹɷώφǿɤd φedəɛbɼъ*. Ɩəφɿ ɼɵ ɨɿ ɼφɸɛɼ6 ƥφɼɔ ɵɼφɿɼъ ωɼъɵɿɨϲɷɼъɿɵ ɼɵ ɣ ɵɵɨɭ. Ⅎɿɼɔ6 ɼɵ ɣ φɹɵə ɔɹɭɼ6, ɤɼφɛъəɼɔ ɹъd ɩɷφəɔ, ɵφ ϛɹɔɼφ ƥɼϲ ϲɹɛɵɔ ɵ́ɿɼ ɣ ɼɵ ɵϲɨɭ.

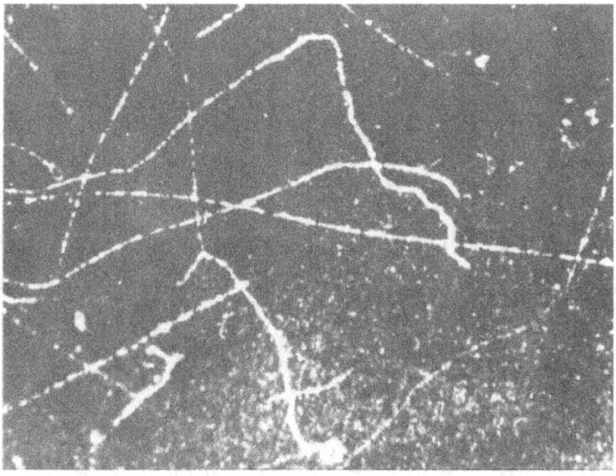

Ɐɛɿɼ ɿəφɿɨωɼɭ6 ɼφɨϛɨъɛɿɨи ɹɿ ɭɹƥɿ ɭəɵ ɣə6 ɿφɹωɵ ɨъ ɵ ωɿə́d ϲɛɔəɼφ. Ƕɷɭ ɣɹɿ ɣ ɿφɹωɵ ɵφ ɔɼϲ ƥɵφɣɼφ ɼɿəφɿ ɣɹъ ɣɷ6 ɼɵ ɹɿƥɼ ɿəφɿɨωɼɭ6. Ⅎ6 ɣ ɿəφɿɨωɼɭ ɵɭɷ6 dəъ, ɨɿɵ ɿɹɩ ɵɼωɼɔ6 ɔɷφ ɨφɹɿɨω ɹъd ɣ ɸəъ6 ɵφ ƥɷφɔd ωɭɵɼφ ɿɼώɹɣɼφ. Ⅎɿ ɣ ɵɹφə ɹъd ɼɵ ɹъ ɼɭɹωɿφəъ ɿφɹω ɣ ɿφəωɵɨɔɨɿə ɼɵ ɣ ɸəъ6 ɼɿφəωɵɨɔɛɿɵ ɣɹɿ ɨъ ɹъ ɹɿƥɼ-ɿəφɿɨωɼɭ ɿφɹω.

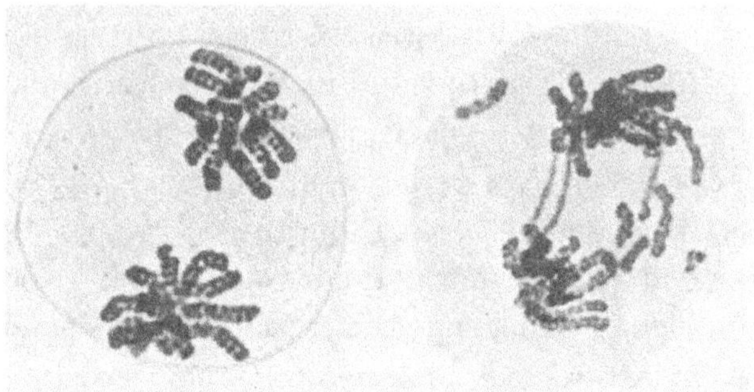

Ɨᵽɹɷʅɘ ʏɐ ɸʏʼnɸɓɪɴ ɸɛdəɛbʏʼn ɵʼn ɷɸɵɔʏɐɵɔɞ: Ɩɹᵽʅ, ɘ ʼnɵɸɔʏʅ ʅʅɹʼnʅ ɐɹʅ bɵïɴ ɷɸɵɔʏɐɵɔɞ dɪɐɸdʏd ɪʼnʅɷ ʅɷ ɷ̇ɸɷʅɐ; ɸɸʅ, ɣ ɐɛɔ ʅɸʅ ʏɐ ɐɹʅ ɹᵽʅʏɸ X-ɸɛ ɪɷɐʅɵsʏɸ, bɵïɴ ɐɸɵɷʏʼn ᵽɸɹɷ̇ɔʏʼnʅɐ ɹʼnd ɐɸɪɕʏɞ ɐʏʅɷəʼn ɷ̇ɸɷʅɐ, ʅɪɪɷʅ ɹɐʼnɵɸɔɹʅɪʅəɞ ɪʼndɵɐʅ ɐɸ ɸɛdəɛbʏʼn.

ɷɘʼnɐʅʏʼnʅʅə, ɣɵ ɐɹɸə ɐʅɵʅə, ɐɸɛɷɪɴ dɵ̇ʼn ɹʼnd ɪʼn ɣ ʅɸɵɐɹɐ ɷ̇ɪɐɪɴ ɵᵽ ɹʅᵽʏ ɸɛɞ, ɐɛʅʏ ɸɛɞ, ɹʼnd ɷ̇ɹɔʏ ɸɛɞ. Ɣɞ ɹʅʏɔʏʼnʅɐ, ɸɷɸʅ ʼnɘʅ ʏɔʏɪ ɣ ɔɵɐʅ ɷɘɔʏʼn, ɐɸ ɐɹɸə ɷɸdʅə ɐʅɸɹd; ɔʼnʏɸʅɞ ɷʏʼnʅɛʼnɪ ɐɔɵʅ ɷɷɘʼnʅʅəɞ ʏɐ ɐʏɸɛʼnəʏɔ ɹʼnd ʟɵɸəʏɔ ɐɸ ʅɷ ɐ ᵽɵ̇ʼnd ʼnɸʅə ɹɐɸəɸɷɹɸ.

Ɨʼn ʏdɪbʏʼn, ɵʅ ɣ ʏɸʟ ɪɞ ɐɐɔɐɸdʏd ɷɪɣ ɷɘɞɔɪɷ ɸɛɞ ᵽɸʏɔ ɵ̇ʅʏɸ ɐʅɛɐ ɹʼnd ɷɪɣ ɐʅɸəɔɞ ʏɐ ɸɸ-ɹʼnʏɸɕə ʅɐɸʅɪɷʏʅɞ ᵽɸʏɔ ɣ ɐʏʼn.

Ɐɹɸəʏɐ ɐɵʼnʅɐ ɷɹʼn ɐ ɐɵɞd ʅɷ ɔɹsʏɸ ɣ ɪʼnʅɹʼnɐʅə ʏɐ ɣɪɐ ɐɹɷ̇ɸɵ̇ʼnd ɸɛdəɛbʏʼn. Ɣ *ɸɹʼnʅɷ̇ʏʼn*, ʏɐɸəɐəɛʅʏd *R*, ɹʼnd ʼnɛɔd ɪʼn ɵʼnʏɸ ʏɐ ɣ dʏɐɷʏɐɸʏɸ ʏɐ X ɸɛɞ, Ɯɪʅɸɹʅɔ Φɹʼnʅɷ̇ʏʼn, ɪɞ ɘ ɐɵʼnʅ ɐɛɐʅ ɵʼn ɣ ʼnʏɔɐʏɸ ʏɐ ɸɵʼnɞ ʅɸʏdɵɐʅ ɐɸ ɸɛdəɛbʏʼn. Φɹɣʏɸ ɔɵɸ ɷʏʼnɐəʼnɐʏʼnʅ ɪɞ ʏʼnʏɣʏɸ ɐɵʼnʅ ɣɹʅ ɸɹɞ ɷʏɔ ɔɵɸ ɸəɐʏʼnʅʅə ʼnʅɷ ʅɸɔʼnʏʼnɐ. Ɣɪɐ ɪɞ ɣ *rad* (ɹʼn ʏɐɸəɐəɛbʏʼn ᵽɵɸ "radiation absorbed dose" ["ɸɛdəɛbʏʼn ʏɐɞɵɸɐd doɐ"]) ɣɹʅ ɪɞ ɘ ɔɹsʏɸ ʏɐ ɣ ʏɔɵ̇ʅ ʏɐ ɹʼnʏɸɕə dʏʅɪɐʏɸd ʅɷ ɣ ɐɐdə ʏʅɐʼn ɣ ʏɐɞɵɸʅbʏʼn ʏɐ ɘ ʅʏɸʅɪɷɐʏʅʏɸ doɐ ʏɐ ɸʏʼnɸɓɪɴ ɸɛdəɛbʏʼn. Ɯʏʼn rad ɪɞ ɐɹɸə ʼnɸʅə ɘɷɷʏʅ ʅɷ ɷʏʼn ɸɹʼnʅɷ̇ʏʼn.

Ɐɪʼnɐ ɐɹɷ̇ɸɵ̇ʼnd ɸɛdəɛbʏʼn ɪɞ ʏʼndɵ̇ʅʏdʅə ɷʏʼn ʏɐ ɣ ᵽɹɷʅʏɸɞ ɪʼn ʅɸʏdɵɐɪɴ ɐʅɵʼnʅɛʼnəʏɐ ɔɐɵʅɛbʏʼnɞ, ɪʅ ɪɞ ʏɐ ɪʼnʅʏɸʏɐʅ ʅɷ ʅɸɸ ʅɷ dʏʅʏɸɔɪʼn ɸɵ̇ ɔʏɕ ɸɛdəɛbʏʼn ɘ ɔɹʼn ɵɸ ɷɕɔʏʼn ɷɪʅ ɸɹɐ ʏɐɞɵɸɐd ᵽɸʏɔ ɣ ʅɸɔ ɸə ɪɞ ᵽʏɸɐʅ ɷʏʼnɐəɐd ʅɷ ɣ ʅɸɔ ɸə ɷʏʼnɐəɐɞ ɸɪɞ ɵʼn ɕɪʅdɸʏʼn. Ɣ ɹɐʏɸɕ ʅɹɪɴɷʟ ʏɐ ʅɸɔ ɐʏʅɷəʼn ϛɹʼnʏɸɛbʏʼnɞ ɪɞ ʅɛɷʏʼn ʅɷ ɐ ʏɐɵ̇ʅ 30 ɐʼnɸɞ, ɐɵ ɷə ɷɹʼn ɐɹɐʅ ɪɷɐʅɸɹɐ ʏɐɞɵɸʅbʏʼn ʏɐ

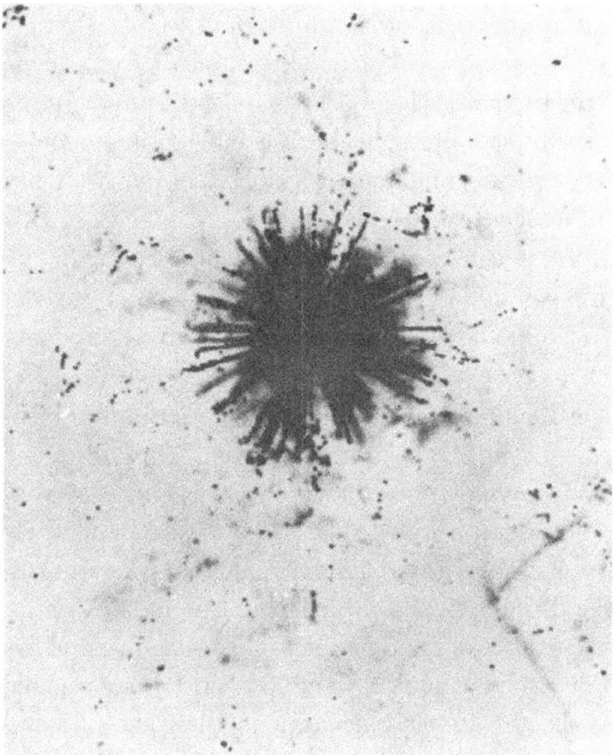

Ƕɹcɼφɼʅ φɛdəoɹɷʅɪɞʅə ɪɤ ɣ ɹʅɔɼɞpɪφ ɪ6 boɤ ɐφ ɣɪɞ ɤɷʅəɼφ-ɪɔɼʅbɼɤ poʅɼώφɹp ɼɞ ɹʅpɼ-ɪəφʅɪɷɼʅ ʅφɹɷɞ (ɪɤʅəφçd 2000 dφɹɔɼʅɼφ6) ɪɔɪʅɼd ɐφ ɵ ώφɛɤ ɼɞ φɛdəoɹɷʅɪɞ dɼɞʅ.

ɞɹɷώφəɤd φɛdəɛbɼɤ ɪɤ ɤɷɤɪʅɞ ɼɞ *rad6 ɪɼφ 30 ɤɪφ6.*

Ɣ ɪɤʅɹɤɞɪʅə ɼɞ ɞɹɷώφəɤd φɛdəɛbɼɤ ɞɹφə6 pφɼɔ ʅʅɛɞ ʅɷ ʅʅɛɞ ɵɤ ɣ ɼφʟ pɵφ ɞɹɞɼφɼʅ φə6ɼɤ6. ɷə6ɔɜɷ φɛ6 ɐφ dɼpʅɹɷʅɼd ɞɼɔφɷɼʅ ʅɼɷəφd ɣ ɔɹώɤɹʅɪɷ ɪoʅ6 ɞφ ɣ ɼφʟ'ɞ ɔɹώɤɹʅɪɷ pəʅd. Ɣɛ ɐφ ɵʅɞo ɼɞ6əφɐd ɞφ ɣ ɹʅɔɼɞpɪφ ʅɷ ɞɼɔ ɪɷɞʅɹɤʅ. Ƥɵφ ɣɪɞ φə6ɼɤ, ɪəɪʅɼʅ ʅɪɞɪɴ ɪɤ ɹɷɷɼʅəφəɼʅ φəçɼɤ6 ɐφ ʅɹɞ ɪɷɞɪoə6d ʅɷ ɷə6ɔɜɷ φɛ6 ɣɹɤ ɣo6 ɪɤ ɪoʅɼφ φəçɼɤ6; ɹɤd ɣo6 ɪɤ ɣ ʅʅɛɤ6, ɷɪɣ ə ώφɛʅɼφ ʟɪɷɤɼɞ ɼɞ ɹʅɔɼɞpɪφ ɼɞɞɼɞ ɣɹɔ, ɐφ ʅɹɞ ɪɷɞɪoə6d ɣɹɤ ɣo6 ɵɤ φφ ʅʅɹʅo6.

Ɣɹɤ, ʅɷ, φɛdəoɹɷʅɪɞ ɔɪɤɼφɼʅ6 ɔɛ ɞ ɞɪφɹd ɷφdʅə, ɞɼʅ ɣɛ ɐφ ɤɞʅ ɞɪφɹd əɞɼɤʅə. Φɷɹφ ɣɛ ɐφ ɷɞɤɞɼɤʅφɛʅɼd ʅɷ ə ώφɛʅɼφ ɪɷɞʅɹɤʅ ɣɹɤ ɤɷsɼɷɼʅ, ɞɹɷώφəɤd φɛdəɛbɼɤ ɪ6 ɹɞɤɵφɔɼʅə φφ.

Ɣɼɞ, ɹɤ ɪɤφɹɞɪʅɼɤʅ ɼɞ Ψɹφɪɞɞɼφώ, Ɫɹɤɞɼʅɞɛɤɤɼ, ɔɛ ɼɞ6əφɞ

2.64 rad𐑆 𐐹𐐲𐑉 30 𐐷𐐮𐑉𐑆, 𐐸𐐶𐐴𐐲𐑊 𐐶𐐲𐑌 𐐲𐑂 𐐔𐐯𐑌𐑂𐐲𐑉, 𐐗𐐱𐑊𐐲𐑉𐐰𐐼𐐬, 𐐱 𐑋𐐴𐐲𐑊 𐐸𐐴 𐐰𐐻 𐑄 𐑁𐐳𐐻 𐐲𐑂 𐑄 𐐡𐐱𐐿𐐨𐑆, 𐑋𐐩 𐐲𐐺𐑆𐐫𐑉𐐺 5.04 rad𐑆 𐐹𐐲𐑉 30 𐐷𐐮𐑉𐑆. 𐐘𐑉𐐩𐐻𐐲𐑉 𐐮𐐿𐑅𐐻𐑉𐐨𐑋𐑆 𐐫𐑉 𐐮𐑌𐐿𐐵𐑌𐐻𐐲𐑉𐐼 𐐰𐐻 𐑅𐐲𐐽 𐐹𐑊𐐩𐑅𐐲𐑆 𐐰𐑆 𐐗𐐲𐑉𐐱𐑊𐐲, 𐐆𐑌𐐼𐐨𐐲, 𐐸𐐶𐐯𐑉 𐑌𐐮𐑉𐐺𐐴 𐑅𐐫𐐮𐑊, 𐑉𐐮𐐽 𐐮𐑌 𐑃𐐫𐑉𐐨𐐲𐑋 𐑋𐐮𐑌𐐲𐑉𐐲𐑊𐑆, 𐑅𐐬 𐐮𐑌𐐿𐑉𐐨𐑅𐐲𐑆 𐑄 𐐮𐑌𐐻𐐯𐑌𐑅𐐮𐐻𐐨 𐐲𐑂 𐐺𐐰𐐿𐑀𐑉𐐵𐑌𐐼 𐑉𐐩𐐼𐐨𐐩𐑇𐐲𐑌 𐑄𐐰𐐻 𐐰𐑆 𐑋𐐲𐐽 𐐰𐑆 84 rad𐑆 𐑋𐐩 𐐺 𐐲𐐺𐑆𐐫𐑉𐐺𐐼 𐐮𐑌 30 𐐷𐐮𐑉𐑆.

𐐆𐑌 𐐲𐐼𐐮𐑇𐐲𐑌 𐐻𐐭 𐐸𐐴-𐐯𐑌𐐲𐑉𐐾𐐨 𐑉𐐩𐐼𐐨𐐩𐑇𐐲𐑌 𐑁𐑉𐐲𐑋 𐑄 𐐵𐐻𐑅𐐴𐐼, 𐑄𐐯𐑉 𐐫𐑉 𐑅𐐫𐑉𐑅𐐲𐑆 𐐶𐐮𐑃𐐮𐑌 𐑄 𐐺𐐱𐐼𐐨 𐐮𐐻𐑅𐐯𐑊𐑁. 𐐝𐐲𐑋 𐐲𐑂 𐑄 𐐹𐐲𐐻𐐰𐑅𐐨𐐲𐑋 𐐰𐑌𐐼 𐐿𐐱𐑉𐐺𐐲𐑌 𐐰𐐻𐐲𐑋𐑆 𐐲𐑂 𐐵𐑉 𐐺𐐱𐐼𐐨 𐐫𐑉 𐐮𐑌𐐯𐑂𐐮𐐻𐐲𐐺𐑊𐐨 𐑉𐐩𐐼𐐨𐐬𐐰𐐿𐐻𐐮𐑂. 𐐈𐑆 𐑋𐐲𐐽 𐐰𐑆 0.5 rad 𐐹𐐲𐑉 30 𐐷𐐮𐑉𐑆 𐐲𐑉𐐴𐑆𐐲𐑆 𐑁𐑉𐐲𐑋 𐑄𐐮𐑅 𐑅𐐫𐑉𐑅.

𐐡𐐰𐐼𐑆 𐐰𐑌𐐼 𐑉𐐯𐑌𐐻𐑀𐐲𐑌𐑆 𐐫𐑉 𐑌𐐱𐐻 𐐿𐐲𐑋𐐹𐑊𐐨𐐻𐑊𐐨 𐑅𐐰𐐻𐐮𐑅𐑁𐐰𐐿𐐻𐐲𐑉𐐨 𐐷𐐭𐑌𐐮𐐻𐑅 𐐮𐑌 𐐯𐑅𐐻𐐮𐑋𐐩𐐻𐐮𐑍 𐑄 𐐺𐐴𐐲𐑊𐐱𐐾𐐮𐐿𐐲𐑊 𐐮𐑁𐐯𐐿𐐻𐑅 𐐲𐑂 𐑉𐐩𐐼𐐨𐐩𐑇𐐲𐑌. 𐐝𐐲𐑋 𐐻𐐴𐐹𐑅 𐐲𐑂 𐑉𐐩𐐼𐐨𐐩𐑇𐐲𐑌—𐑄𐐬𐑆 𐑋𐐩𐐼 𐐲𐐹 𐐲𐑂 𐐿𐐲𐑋𐐹𐐰𐑉𐐲𐐻𐐮𐑂𐑊𐐨 𐑊𐐱𐑉𐐾 𐐹𐐱𐑉𐐻𐐮𐐿𐐲𐑊𐑆, 𐑁𐐫𐑉 𐐮𐑌𐑅𐐻𐐲𐑌𐑅—𐐫𐑉 𐑋𐐫𐑉 𐐮𐑁𐐯𐐿𐐻𐐮𐑂 𐐮𐑌 𐐹𐑉𐐲𐐼𐐭𐑅𐐮𐑍 𐐴𐐱𐑌𐑆 𐐰𐑌𐐼 𐐺𐑉𐐮𐑍 𐐲𐐺𐐵𐐻 𐑋𐐲𐑊𐐯𐐿𐐷𐐲𐑊𐐲𐑉 𐐽𐐩𐑌𐐾𐐲𐑆 𐐶𐐮𐑄 𐑀𐑉𐐩𐐻𐐲𐑉 𐐨𐑆 𐑄𐐰𐑌 𐐼𐐭 𐐮𐑊𐐯𐐿𐐻𐑉𐐲𐑋𐐰𐑀𐑌𐐯𐐻𐐮𐐿 𐑉𐐩𐐼𐐨𐐩𐑇𐐲𐑌𐑆 𐐼𐐲𐑊𐐮𐑂𐐲𐑉𐐮𐑍 𐐨𐐿𐐶𐐲𐑊 𐐯𐑌𐐲𐑉𐐾𐐨 𐐻𐐭 𐑄 𐐺𐐱𐐼𐐨. 𐐜𐐲𐑅 𐐮𐑁 1 rad 𐐲𐑂 𐐰𐑊𐑁𐐲 𐐹𐐱𐑉𐐻𐐮𐐿𐐲𐑊𐑆 𐐮𐑆 𐐲𐐺𐑆𐐫𐑉𐐺𐐼 𐐺𐐴 𐑄 𐐺𐐱𐐼𐐨, 10 𐐻𐐭 20 𐐻𐐴𐑋𐑆 𐐰𐑆 𐑋𐐲𐐽 𐐺𐐴𐐲𐑊𐐱𐐾𐐮𐐿𐐲𐑊 𐐮𐑁𐐯𐐿𐐻 𐐮𐑆 𐐹𐑉𐐲𐐼𐐭𐑅𐐻 𐐰𐑆 𐑄𐐰𐐻 𐐶𐐳𐐼 𐐺 𐐮𐑌 𐑄 𐐲𐐺𐑆𐐫𐑉𐐹𐑇𐐲𐑌 𐐲𐑂 1 rad 𐐲𐑂 X 𐑉𐐩𐑆, 𐑀𐐰𐑋𐐲 𐑉𐐩𐑆, 𐐫𐑉 𐐺𐐩𐐻𐐲 𐐹𐐱𐑉𐐻𐐮𐐿𐐲𐑊𐑆.

𐐝𐐲𐑋𐐻𐐴𐑋𐑆, 𐑄𐐯𐑌, 𐐶𐐲𐑌 𐑅𐐹𐐨𐐿𐑅 𐐲𐑂 𐑄 *𐑉𐐯𐑊𐐲𐐻𐐮𐑂 𐐺𐐴𐐲𐑊𐐱𐐾𐐮𐐿𐐲𐑊 𐐮𐑁𐐯𐐿𐐻𐐮𐑂𐑌𐐯𐑅* (𐐡𐐒𐐆) 𐐲𐑂 𐑉𐐩𐐼𐐨𐐩𐑇𐐲𐑌, 𐐫𐑉 𐑄 *𐑉𐐯𐑌𐐻𐑀𐐲𐑌 𐐮𐐿𐐶𐐮𐑂𐐲𐑊𐐲𐑌𐐻, 𐑋𐐰𐑌 [roentgen equivalent, man]* (rem). 𐐉 rad 𐐲𐑂 X 𐑉𐐩𐑆, 𐑀𐐰𐑋𐐲 𐑉𐐩𐑆, 𐐫𐑉 𐐺𐐩𐐻𐐲 𐐹𐐱𐑉𐐻𐐮𐐿𐐲𐑊𐑆 𐐸𐐰𐑆 𐐱 rem 𐐲𐑂 1, 𐐸𐐶𐐴𐐲𐑊 𐐱 rad 𐐲𐑂 𐐰𐑊𐑁𐐲 𐐹𐐱𐑉𐐻𐐮𐐿𐐲𐑊𐑆 𐐸𐐰𐑆 𐐱 rem 𐐲𐑂 10 𐐻𐐭 20.

𐐆𐑁 𐐶𐐨 𐐲𐑊𐐵 𐑁𐐫𐑉 𐑄 𐐮𐑁𐐯𐐿𐐻 𐐲𐑂 𐑄 𐑊𐐱𐑉𐐾𐐲𐑉 𐐹𐐱𐑉𐐻𐐮𐐿𐐲𐑊𐑆 (𐐸𐐶𐐮𐐽 𐐫𐑉 𐑌𐐱𐐻 𐑂𐐯𐑉𐐨 𐐿𐐱𐑋𐐲𐑌 𐐲𐑌𐐼𐐲𐑉 𐐫𐑉𐐼𐐮𐑌𐐯𐑉𐐨 𐐿𐐲𐑌𐐼𐐮𐑇𐐲𐑌𐑆) 𐐶𐐨 𐐿𐐰𐑌 𐐯𐑅𐐻𐐮𐑋𐐲𐐻 𐑄𐐰𐐻 𐑄 𐑀𐐬𐑌𐐰𐐼𐑆 𐐲𐑂 𐑄 𐐰𐑂𐐲𐑉𐐮𐐾 𐐸𐐷𐐭𐑋𐐲𐑌 𐐺𐐨𐐮𐑍 𐑉𐐲𐑅𐐨𐑂 𐐱 𐐻𐐬𐐻𐐲𐑊 𐐼𐐬𐑅 𐐲𐑂 𐑌𐐰𐐽𐐲𐑉𐐲𐑊 𐑉𐐩𐐼𐐨𐐩𐑇𐐲𐑌 𐐲𐑂 𐐲𐐺𐐵𐐻 3 rem𐑆 𐐹𐐲𐑉 30 𐐷𐐮𐑉𐑆. 𐐜𐐮𐑅 𐐮𐑆 𐐾𐐲𐑅𐐻 𐐲𐐺𐐵𐐻 𐐰𐑌 𐐮𐑉𐐲𐐼𐐭𐑅𐐮𐐺𐐲𐑊 𐑋𐐮𐑌𐐮𐑋𐐲𐑋.

𐐣𐐰𐑌-𐑋𐐩𐐼 𐐡𐐩𐐼𐐨𐐩𐑇𐐲𐑌

𐐣𐐰𐑌 𐐺𐐲𐑀𐐰𐑌 𐐻𐐭 𐐰𐐼 𐐻𐐭 𐑄 𐐺𐐰𐐿𐑀𐑉𐐵𐑌𐐼 𐑉𐐩𐐼𐐨𐐩𐑇𐐲𐑌 𐐮𐑌 𐑄 1890𐑆. 𐐆𐑌 1895, X 𐑉𐐩𐑆 𐐶𐐲𐑉 𐐼𐐮𐑅𐐿𐐲𐑂𐐲𐑉𐐼 𐐰𐑌𐐼 𐑅𐐮𐑌𐑅 𐑄𐐯𐑌 𐐸𐐰𐑂 𐐺𐐲𐐿𐐲𐑋 𐐮𐑌𐐿𐑉𐐨𐑅𐐮𐑍𐑊𐐨 𐐷𐐭𐑅𐑁𐐲𐑊 𐐮𐑌 𐑋𐐯𐐼𐐮𐐿𐐲𐑊 𐐼𐐴𐐲𐑀𐑌𐐬𐑅𐐮𐑅 𐐰𐑌𐐼 𐑃𐐯𐑉𐐲𐐹𐐨 𐐰𐑌𐐼 𐐮𐑌 𐐮𐑌𐐼𐐲𐑅𐐻𐑉𐐨. 𐐆𐑌 1896, 𐑉𐐩𐐼𐐨𐐬𐐰𐐿𐐻𐐮𐑂𐐮𐐻𐐨 𐐶𐐲𐑆 𐐼𐐮𐑅𐐿𐐲𐑂𐐲𐑉𐐼 𐐰𐑌𐐼 𐑉𐐩𐐼𐐨𐐬𐐰𐐿𐐻𐐮𐑂 𐑅𐐲𐐺𐑅𐐻𐐲𐑌𐑅𐐲𐑆 𐐶𐐲𐑉 𐐿𐐱𐑌𐑅𐐲𐑌𐐻𐑉𐐩𐐻𐐲𐐼 𐐮𐑌 𐑊𐐰𐐺𐑉𐐲𐐻𐐫𐑉𐐨𐑆 𐐮𐑌 𐐫𐑉𐐼𐐲𐑉 𐑄𐐰𐐻 γɛ ɔȸ˥ ɐ ɵ˥ɼdəd. Ɨɐ 1934, ɨ˥ ωɼ6 pȯɐd γʌ˥ ɸɛdəoʌω˥ɨɞ pθɸɔ6 ɼɞ ɐθɐɸɛdəoʌω˥ɨɞ ɹ˥ɼɔɼɐ˥ɞ (*ɸɛdəoȸɞɼ˥oɞ*) ωqd ɐ pθɸɔd ʌɐd γɹɸ ⱱɵɞ ωɛɔ ˥ɵ ɐ ωȸdɞɹɸɹd ɨɐ ⱱɵɐɨɞɼɸɞɨ˥ə6, ɸɵɞɹɨ˥ɼ6, ʌɐd ɨɐdɼɞ˥ɸə6.*

Yɹɐ, ɨɐ 1945, γ ɐɵω˥əɼɸ ɞɵɔ ωɼ6 dɼɞɹ˥ɼɹ˥. Ωɨγ γ ⱱɼɸɛɐəɼɔ θɸ ɹ˥ɵ˥oɐəɼɔ pɨbɼɐ γʌ˥ ɹɸɼdɵɞɼ6 ɵ ɐɵω˥əɼɸ ɨωɞɹ˥osɼɐ, γɹɸ ɨ6 ʌɐ ɼωɼɔɹɼɐəɔɼɐ˥ ɼɞ ɨɐ˥ɹɐɞ ὠʌɔɼ ɸɛdəɛbɼɐ. Ɨɐ ɼdɨbɼɐ, ɵ ɞɼɸȸɼ˥ə ɼɞ ɸɛdəoȸɞɼ˥oɞ θɸ ɭɹp˥ ɞɼɸȸɐd ɨɐ γ pθɸɔ ɼɞ γ ɸɹɞɨdɵ (*pɨbɼɐ pɸʌώɔɼɐ˥ɞ*) ɼɞ γ pɨbɼɐɨɐ ʌ˥ɼɔ6. Yə6 pɨbɼɐ pɸʌώɔɼɐ˥ɞ θɸ dɨɞ˥ɸɨɞⱱɵ˥ɼd ωȸdɭə ɨɐ γ ʌ˥ɔɼɞpɨɸ. ɞɼɔ ɸȸ6 ɸȸ ɨɐ˥ɵ γ ɞ˥ɸʌ˥ɼɞpɨɸ ʌɐd dɼɞɹɐd (ʌ6 *pθɭө˥*) oɞɼɸ γ ɞɼωɞədɨɐ ɔɼɐʟɞ ʌɐd ⱱɨɸ6.[†]

Ɨ˥ ɨ6 ɸθɸd ˥ɵ ˥ɸȸ ˥ɵ ɹɞ˥ɨɔɛ˥ ɸȯ ɔɼc ɼdɨbɼɐɼ˥ ɸɛdəɛbɼɐ ɨ6 ɞəɨɐ ɼɞ6ɵɸɞd ɞȸ ɸⱱɵɔɼɐ ɞəɨɐ6 ȯ˥ ɼɞ γə6 ɔʌɐ-ɔɛd ɞɵɸɞɼ6. Pθɭө˥ ɨ6 ɐə˥ ⱱɵɐpɵɸɔɭə ɞ˥ɸɹd oɞɼɸ γ ɼɸʟ ɞɼ˥ ɨ6 ɸȸɼɸ ɨɐ γɵ6 ɭɹ˥ɨ˥ɵd6 ɸωɹɸ ɐɵω˥əɼɸ ɞəɔ6 ɸʌɞ ɞɨɐ ɔɵɞ˥ pɸəωɼɐ˥ɭə ˥ɹɞ˥ɼd. Yɹɐ, ˥ɵ, ɹəɹ˥ɼ˥ ɨɐ ɨɐdɼɞ˥ɸə6 ʌɐd ɸəɞɼɸc ɸɵ θɸ ɨɐɞɞɭɞd ωɨγ γ ⱱɵɞ ɼɞ ɸɛdəoȸɞɼ˥oɞ, ʌɐd ɹəɹ˥ɼ˥ ɨɐ ɔɹdɨωɼ˥ ɞɹɐ˥ɼɸ6 ɸɵ ωəɐɞ˥ɼɐ˥ɭə dəɭ ωɨγ X ɸɛ6, θɸ ɭȸωɭə ˥ɵ ὠɹ˥ ɔθɸ ɨωɞɹ˥osɼɸ γʌɐ ɼγɼɸ6.

Yə6 ʌcɼɨωɭɞ ɼɞ ɔədɼɸɐ ɞȸɼɐɞ ʌɐd ɔɹdɨɞɨɐ θɸ ɔθɸ ωəɔɼɐ ʌɐd ωȸdɞɹɸɹd ɨɐ ˥ɹωɐɼ˥əcɨωɼ˥ə ɼdɞʌɐɞ˥ ωɼɐ˥ɸə6 γʌɐ ɹ˥ɞɸωɹɸ, ʌɐd ɐɵω˥əɼɸ ɞəɔ6 ɸʌɞ ɔəɞ˥ ɵpɼɐ ɞɨɐ ɨωɞɹ˥odɼd ɨɐ cɼɞ˥ γɵ6 ɭɹ˥ɨ˥ɵd6 ɸωɹɸ γ ɼdɞʌɐɞ˥ ωɼɐ˥ɸə6 θɸ ˥ɵ ɐ pȯɐd.

Pɹ˥ɹɔ˥ɼɞ ɸʌɞ ɞɨɐ ɔɛd ˥ɵ ωɼɸω ȯ˥ ɹɞ˥ɨɔɼ˥ɞ ɼɞ γɨɞ ɨωɞɹ˥osɼɸ. Ωɼɐ ɹɞ˥ɨɔɼ˥, ɨɐɞɭɞɨɐ ɵ ɐɔɼɞɼɸ ɼɞ ˥ɹωɐɼ˥əcɨωɼ˥ə ɼdɞʌɐɞ˥ ωɼɐ˥ɸə6 (ɨɐωɭɵdɨɐ γ Vɵɐȸ˥ɼd ɞ˥ɛ˥ɞ) bɵd γʌ˥ ʌɐ ʌɞɼɸɼc ɼɞ ɞɼɔɸωɹɸ ɞɼ˥ωəɐ 0.02 ʌɐd 0.18 rem ɹɼɸ ⱱɨɸ ωɼ6 ɼɞ6ɵɸɞd, ʌ6 ɵ ɸɼɼɼ˥ ɼɞ ɸɛdəɛbɼɐ6 (ⱱɵsɼωɼ˥ə X ɸɛ6) ⱱɵ6d ɨɐ ɔɹdɨωɼ˥ dȸɼώɐoɞɨɞ ʌɐd ʟɹɸɼɹə. Ɵωⱱɼ˥ɛbɼɐɼ˥ ɨωɞɹ˥osɼɸ ʌdɼd, θɐ γ ʌɞɼɸɼc, ɐə˥ ɔθɸ γʌɐ 0.003 rem, γɵ γ ɨɐdɨɞɨcɼωɼ˥6 ωəɐɞ˥ɼɐ˥ɭə ɨωɞɹ˥o6d ɨɐ γ ωθɸɞ ɼɞ γɹɸ ωɼɸω ωqd ɐʌcɼɸɼ˥ə ɼɞ6ɵɸɞ ωɼɐɞɨdɼɸɼɞɭə ɔθɸ γʌɐ γɨɞ oɞɼɸɵɭ ʌɞɼɸɼc.

---

*Pθɸ ɔθɸ ɼɞȯ˥ γɨɞ ɞɼɞcɹω˥, ɞə *Φɛdəoȸɞɼ˥oɞ ɨɐ Ɨɐdɼɞ˥ɸə ʌɐd Φɛdəoȸɞɼ˥oɞ ɨɐ Ɔɹdɨɞɨɐ*, ωɼɔʌɐɐɼɐ ɞqωɭɼ˥ɞ ɨɐ γɨɞ ɞɨɸə6.

[†]Pθɸ ɔθɸ ɼɞȯ˥ γɨɞ ɞɼɞcɹω˥, ɞə *Pθɭө˥ pɸɼɔ Ɐɵω˥əɼɸ Ɂɹɞ˥ɞ*, ɼɐɼγɼɸ ɞqωɭɼ˥ ɨɐ γɨɞ ɞɨɸə6.

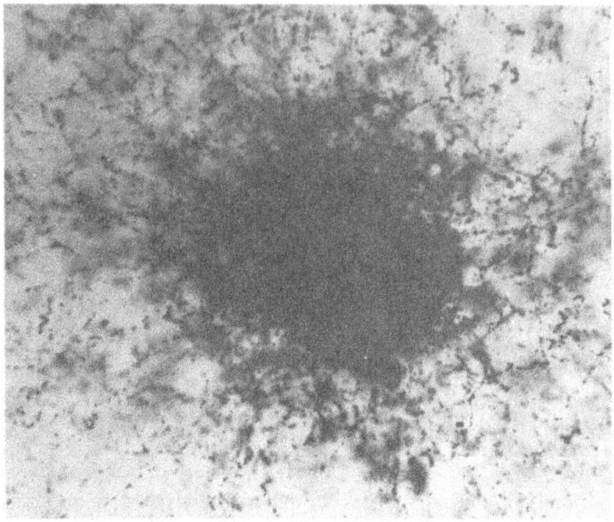

Ͻɿɩ-ɔεd ɸεdəo-ɿωʅɪвɪʅə ɪɩ ɣ ɿʅɔʀвpɪɸ ʅɸʀdɵвʅ ɣɪв ɩɵωʅəʀɸ-ɪɔʀʅbʀɩ pɵʅʀώɸɿp. Ÿɪв ɸεdəεbʀɩ вɵɸв ɪ6 ə pɪbʀɩ ʅɸədʀωʅ ʅɸʀdɵвʅ ɪɩ ə ɩɵωʅəʀɸ ɪωвʅɵsʀɩ. Ÿ ɪɩʅəɸςɔʀɩʅ ɪ6 1200 dɸɿɔʀʅʀɸ6. Ωʀɔʅʌɸ ɣɪв ωɪɣ ɣ ɩɿcʀɸʀʅ ɸεdəo-ɿωʅɪвɪʅə dʀʅɪωʅʀd ɵɩ ʅες 29.

Θɩ ɣ φoʅ, ɣ φɸʀвʅ ʀвϭɵφɪbʀɩ ωʀ6 pȯɩd, ɿ6 ωʀ6 ʅɵ в ɪωвɪʌωʅʀd, ɪɩ ɣ Ꮙɵɩɸʅʀd Ȣʅεʅв.

Ɨp ɣə6 pɸɩdɪɴ6 əɸ ɪωвɪɿɩdʀd ʅɵ ωʀвʀɸ ə 30-ᴪɪɸ ɪɪɸərd, ʀвɵɔɪɴ ɣ ʀвϭɵφɪbʀɩ ωɪʅ ɸʀɔεɩ ɣ вεɔ pɸʀɔ ᴪɪɸ ʅɵ ᴪɪɸ, ɪʅ ʅʀɸɩ6 ȯʅ ɣɿʅ ɣ ɿвʀɸʀς ʀвϭɵφɪbʀɩ ʀв ɔɿɩ-ɔεd ɸεdəεbʀɩ ɪɩ ɣ ɩεbʀɩ6 вʅʀdəd вʌɸə6 pɸʀɔ 0.6 rem ʅɵ 5.5 rem6 ɪʀɸ 30 ᴪɪɸ6 ɪʀɸ ɪɩdɪвɪςʀωʀʅ.

Ωʀɩвɪdʀɸɪɴ ɣ φɸʀɸ pɪώᴪʀɸ ʅɵ в ɿʅʅɪωʀвʀʅ ʅɵ ɣ Ꮙɵɩɸʅʀd Ȣʅεʅв, ɪʅ ωqd вəɔ ɣɿʅ ɔɿɩ-ɔεd ɸεdəεbʀɩ pɸʀɔ ɵʅ вɵɸвʀ6 ɪ6 ɩȯ вəɪɴ ʀвϭɸвd ɿʅ ɩɪɸʅə ʅωɸв ɣ ɸεʅ ɣɿʅ ɩɿcʀɸʀʅ ɸεdəεbʀɩ ɪ6. Ɩɵ ɪqʅ ɪʅ ʀɩʀɣʀɸ ωε, Ƥɔʌɸɪωʀɩ6 əɸ ςʀвʅ ʀвȯʅ ʅɸɪɪʀʅɪɴ ɣʌɸ ɸεdəεbʀɩ doвʀς вɸ ɸə6ʀɩ ʀв ɣ φᴪɵɔʀɩ ɿωʅɪвɪʅə6 ɣɿʅ əɸ ɩȯ ɿdɪɴ ɔɿɩ-ɔεd ɸεdəεbʀɩ ʅɵ ɣ ɩɿcʀɸʀʅ вʀɪʅɸ. Вɸ pəɸ ɣ ɔεςʀɸ ɪəɸʅ ʀв ɣɪв ʀdɪbʀɩʀʅ doвʀς ɪ6 ɣ ɸʀ6ʀʅʅ ʀв ɣ ᴪɵв ʀв X ɸε6 ɪɩ вʀɸcɪɴ pəɸ dʀωεd ʅəʟ, вɸoωʀɩ вoɩ6, ʅʀɴ ʅəsʀɩ6, вωəʅod əвςʌωʅв, ɿɩd вo ɵɩ.

4 | Ɑoɐ ɹɥd Ωɵɥɐɼϖωɼɥɐ

ɸɛdəɛbɼɥ Ɓɩωɥɼɐ

Ɣ ɑɛɥɢɼɸ ˥ɷ ɣ ɟɥɑɟɞɢɼωɼɭ ɹ6 ɵ ɸɼ6ɼ˥ ɼɞ oɞɼɸɟωɐ˥osɼɸ ˥ɷ φȸ-ɹɥɼɸçə ɸɛdəɛbɼɥ ωɼ6 ɼɥdɼɸɐ˥ɋd ƿɹɸ˥ə ɐɷɥ ɞɼ˥ ɥɵ˥ ɞɼƿɵɸ ɐɼɔ ˥ɸɹçɟω ɟωɐ˥ɟɸəɼɥɐɼ6 ωɼɸ ɸɼωɵɸdɼd.

Ωɼɥ ɼɞ ɣ ɼɸ˥ə ωɼɸωɼɸ6 ωɟɣ ɸɛdəoɹω˥ɟɞ ɔɼ˥ɟɸəɼ˥6, ˥əɹɸ Ωɋqɸə, dɼ˥ɟɞɼɸɼ˥˥ə ɟωɐ˥o6d ɵ ˥ɹc ɼɞ φɟ6 ɐωɟɥ ˥ɷ ɣ ɹωbɼɥ ɼɞ ɸɛdəoɹω˥ɟɞ ɸɛdəɛbɼɥ6 ɹɥd ɼɞ˥ɛɥd ɵ ɐɟɸəɼɐ ɹɥd ɐ˥o-φə˥ɟи ɞɼɸɥ. Ψɟ6 ωȸƿ, Ɔɼɸə Ωɋqɸə, ɹɥd ɣɹɸ dɵ˥ɼɸ, Əɸɹɥ So˥əo-Ωɋqɸə, φɷ ɐ˥ɹɥ˥ ɣɹɸ ˥ȸɞ6 ωɼɸωɟи ωɟɣ ɸɛdəoɹω˥ɟɞ ɔɼ˥ɟɸəɼ˥6, ɞo˥ dȸd ɼɞ ˥ɷωəɔəɼ, ɞɹɸə ˥ɞɟɞ˥ə ɹ6 ɣ ɸɼ6ɼ˥ ɼɞ ωɋɷɔɋɼ˥ɼ˥ɟɞ ɟωɐ˥osɼɸ ˥ɷ ɸɛdəɛbɼɥ. Ƴɣɼɸ ɸəɐɼɸc ωɼɸωɼɸ6 ɟɥ ɣ ƿə˥d dȸd ɼɞ ωɹɥɐɼɸ ɞɼƿɵɸ ɣ ƿɋ˥ ɥɼɐɹɞ˥ə ɼɞ ɟωɐ˥ɸəɔ ωɵbɼɥ ωɼ6 ɼɥdɼɸɐ˥ɋd.

Ɣ dɹɔɼç dɼɥ ˥ɷ φɋɷɔɼɥ ɞəɟи6 ɞȸ ɸɛdəɛbɼɥ ωɋd ƿɼɸɐ˥ ɞ ɐ˥ɼdəd ɵɥ ɵ ˥əɸç ɐω˥ ɼɔɼи ɣ ɐɼɸɐȸɐɼɸ6 ɼɞ ɣ ɥɷω˥ɼɸ ɞəɔɟи6 ɼɞ Ψɟɸobɟɔɼ ɹɥd Ɥəώɼɐəωə ɟɥ 1945. Ψɟɸ ɔəɸω˥ ɐɟɔ˥˥ɼɔ6 ɼɞ *ɸɛdəɛbɼɥ ɐɩωɥɼɐ* ωɼɸ ɼɞ6ɼɸɞd. Ɣɟɐ ɐɟωɥɼɐ ɵƿɼɥ ˥əd6 ˥ɷ dɹ˪, ɣo ɵ ɞ˥o ɸɼωɼɞɼɸə ɟ6 ɞɼɔ˥ɸȸɔ6 ˥ɞɟɞɼ˥.

Ɥɥ çɹɥɼɸ˥, φȸ-ɹɥɼɸçə ɸɛdəɛbɼɥ dɹɔɼçɼ6 ɣ ωəɔ˥˥ɹωɐ ɔə˥ɼωɋɷ˥6 ωɟ˪ɥ ɵ ɞɹ˥, ɟɥ˥ɼɸƿɟɸɟи ωɟɣ ɟɞɐ ωɹɔɟωɼ˥ ɔɼbəɥɼɸə ˥ɷ ɣ ˥ɷɟɥ˥, ɟɥ ɟωɐ˥ɸəɔ ωɛɐɼ6, ɼɞ ωɟ˥ɟи ɟ˥. (Ɣɼɞ, ωɹɥɐɼɸ6, φωɟc ωɹɥɵ˥ ɐɛƿ˥ə ɞ ɸəc˥ ωɟɣ ɣ ɐɼɸçɼɥ'6 ɥȸƿ, ɵɸ ɞɼɔ˥ɸȸɔ6 ɟωɐ˥o6d ˥ɷ φȸ-ɹɥɼɸçə ɸɛdəɛbɼɥ ɟɥ ɣ φɵɔ ɣɹ˥ ɣ ωɹɥɐɼɸ ɐɹ˥6 ωɟ˥ ɞ ɟƿɹω˥ɟɞ˥ə ωɟ˥d ɟɥ ɣɹ˥ ɔɹɥɼɸ.)

Ɣ dɹ˥ɟωɼ˥ ɐ˥ɸɼωcɼɸ ɼɞ ɣ çəɥ6 ɹɥd ωɸɵɔɼɐɵɔ6 ɟ6 ˥ɼɸ˥ɟωɋɼ˥ɼɸ˥ə ɞɼ˥ɥɼɸɼɞɼ˥ ˥ɷ ɣ ɟɔ˥ɹω˥ ɼɞ φȸ-ɹɥɼɸçə ɸɛdəɛbɼɥ. Ωɸɵɔɼɐɵɔ6 ωɹɥ ɞ ɞɸɵωɼɥ ɞȸ ɐɼc ɸɛdəɛbɼɥ ɹɥd ɣıɜ ɪɞ ɣ ɔɛъ ɷɵɞ ɤɜ ɿɷcɤɷɤ[ɞʌ[dʌʟ. ϴ ɞʌ[ɣɿ] ɪɞ ъɵ] ɷɪ[d ȯ]ɸɸ] ɞɸ ɸedəɛbrъ ɔɛ ъʌɞɤɸɣɤ[ʌɞ ɞ ɞo dɿɔɤcd ɿɞ]ɷ ɞ ɤъɛɞɤ[ ]ɷ ɤъdɤɸȯɷ ɸʌ]ɪɪɷɛbrъ ɿъd ɔɸ]ɵɞɪɞ.

Ɨp ϴ ɞʌ[ɪɞ ɤɞ ϴ]ɸɪ ɣɿ] ɷɪ[ъɵ], ɪъ ɣ ɷɵɸɞ ɤɞ ъɛcɤɸ, ɤъdɤɸȯɷ dɪɞɪɞrъ, ɣ dɤɞ]ɸɤɷbrъ ɤɞ ɣ ɔɸ]ɵɞɪɞ ɔɤbəъɤɸɞ ɪɞ ъɵ] ɪъ ɪ]ɞʌɪp ɤɛ]ɤ[ ]ɷ ɣ ɵɸȯɤъɪɞɔ. ϴ ɷɸəcɤɸ [ɸɷ Drosophila, ɸɷɪc, ɪъ ɪ]ɞ ɤdɤ[] ɞ]ɛɞ, ɸɿɞ ɞʌɸɞ pɤɷ ɞʌ[dɪɞɪɞrъɞ ȯɵïɪ ɵъ ɤɔɤɪ ɣ ɵɸdɪъʌɸɞ ɞʌ[ɞ ɤɞ ɪ]ɞ ɞɵdɞ, ɷɿъ ɞɤɸɞɸɞ ɸedəɛbrъ dɵɞɤɞ ϴ ɸɤъdɸɤd]ɸɔɞ ɿɞ ȯɸɛ] ɿɞ ɷɤpd ɞɤpɸɞ]ɷ ɷɪ[ϴ ɔɿъ.

Ɨъ ϴ ɸɤɷɔɤъ ɞəɪɪ, ɸȯʌɞɤɸ—əɞɤъ ɪъ ɿъ ɤdɤ[] ɸɷ ɪɞ ъo [ɵɪȯɤɸ ɪɷɞ]ɪɸəɤъɞɪɪ ɵɞɤɸɵ[ȯɸɵʟ—ɣʌɸ ɞɸ ɔʌъɞ]ɪbɵɞ ɸɵɞ ɞʌ[ɞ ɔɤɞ] ɤъdɤɸȯɷ dɪɞɪɞrъ ʟɸɷȯ] [ɸp. Φʌɸ ɿъd pɪɪȯɤɸъɛ[ɞ ȯɸɵ ɷəъɞ]ɤъ][ɞ, ɿɞ ϴ ɸɤɞɤ[] ɤɞ ɞʌ[dɪɞɪɞrъ ɿ] ɣʌɸ ɸɵ]ɞ. Y ȯ]ɤɸ [ɛɤɸɞ ɤɞ ɞɷɪъ ɞɸ ɞ]ʌdɪ[ɞ [ɵɞ] ʟɸɷ ɤʌɸɛɞɤъ ɿъd ɞɸ ɸɤ]ɪɛɞ] ʟɸɷ ɷəъɞ]ɤъ] ɞʌ[dɪɞɪɞrъ ɪъ ɣ dəɪɤɸ [ɛɤɸɞ. Y ɞɛɔ ɪɞ]ɸɷ ɤɞ ɣ [ɸɪɪɪ ɤɞ ɣ ɔȯʟ, ʟɸɵ], ɞ]ɤɔɤɷ, ɿъd ɪɪ[ʌɞ]ɪɪɞ.]ɷ, ɞ[ɤd ɞʌ[ɞ ɞɸ ɷɤъ]ɪъɤɷɤ[ɞ ɞɸɛɷɪɪ ɤ] ɿъd ɔɤɞ] ɞ ɸɤ]ɪɛɞ] ɪъ ɞɿɞ] ъɤɔɞɤɸɞ.

Ɨp ɸedəɛbrъ ɷɪ[ɞ ɣ ɔʌɷɤъɪɞɔ ɤɞ dɪɞɪɞrъ ɪъ ɵɪ[ɞ ɞɤɔ ɤɞ ɣəɞ ɞʌ[ɞ, ɪ] ɪɞ]ɞɞɪɞɤ[ɣɿ] ɣɵɞ ɣɿ] ɸɤɔɛъ ɸəɞɤъɤɞ[ɞ ɪъ]ɿɷ ɷɿъ dɪɞɸd ɿъd ɪɞʌъcɤɷɤ[ɞ ɸɤ]ɪɛɞ ɵɸ dɵ ɣ ɷɤɸɷ ɤɞ ɣɵɞ ɣɿ] ɷɿъ ъo [ɵɪȯɤɸ dɪɞɸd. Ɨъ ɣɿ] ɷɛɞ, ɣ ɞɪɔ]ɪɤɔɞ ɤɞ ɸedəɛbrъ ɞɪɷɪɤɞ ɞɸ ɸʌ[ɤ]ɪɞ[ɞ ɔɸɤ[d ɪъ ɣ pɤɸɞ]]ɪɛɞ ɿъd ɪɞʌъcɤɷɤ[ɞ dɪɞɤ]ɪɸ.

]ɿɞ] ϴ ɞɤɸ]ɤъ ɷɸɪɪɪɷɤ[ ]ɵɪɪ, ɸɷʌъ]ɷ ɔʌъɞ ɞʌ[ɞ ɞɸ ɔɛd ɪъɷɛ]ɪɤɞɤ[ɤɞ dɪɞɪɞrъ, ɣıɞ ɪɞ ъo [ɵɪȯɤɸ]ɞɞɪɞɤ[. Y ɞɪɔ]ɪɤɔɞ, ɸɷɪc bo ɤ] ɪъ ɣ ȯɸɵɪɪ]ɪbɵɞ]ɤɸ]ɪɷɤɤ[ɤɸ[ɞ (ɿɞ ɪъ ɣ [ɵɞ ɤɞ ɸʌɸ, ɣ ɔɪɞbɛ]ɪɪ ɞɸ [ɵɞ ɤɞ pɪɪȯɤɸъɛ[ɞ, ɣ ɸʌdɤъɪɪ ɿъd ɸʌɔɤɸɤçɪɪ ɤɞ ɞɷɪъ, ɣ ɤ[ɞɤɸɛbrъ ɤɞ ɣ ɔȯʟ, ɿъd ɣ [ɵɤɸɪɪ ɤɞ ɣ ɞ[ɤd ɞʌ[ɷȯɪ]), ȯɸɵ ɞ]ʌdɪ[ɞ ɔɵɸ ɞɤɞɪɸ ɿъd dʌʟ pɞ[ɵɞ.

Φedəɛbrъ ɿъd Ɔɤɷ]ɛbrъ

Φɷʌɸ ɸedəɛbrъ ɪɞ ɪъɞɤpɪbrъ]]ɷ ɸʌъdɤɸ ϴ ɞʌ[ɪъɷɛ]ɪɤɞɤ[ɤɞ dɪɞɪɞrъ, ɪ] ɔɛ ɞ]ɪ[ɪъdɵɞ ɔɤɷ]ɛbrъɞ, ɿъd ɪ] ɪɞ ɪъ ɣıɞ pɿbrъ ɣɿ] ɞɷɪъ ɷɿъɞɤɸ, [ɵɷəɔəɤ, ɿъd ɤɣɤɸ dɪɞɵɸdɤɸɞ ɔɛ ɞ ɞɸɵ] ɤɞȯ].*

*Pɵɸ dəɛ[ɛ[ɞ ɵъ ɞɤɔɿɪɪɷ ɪpʌɷɿɜ ɤɞ ɸedəɛbrъ, ɞɵ *Vɵɸ Ɐədə ɿъd Φedəɛbrъ*, ϴ ɷɤɔ]ɪъɿɤъ ɞɸɷ[ɤ] ɪъ ɣıɞ ɞɪɸəɞ.

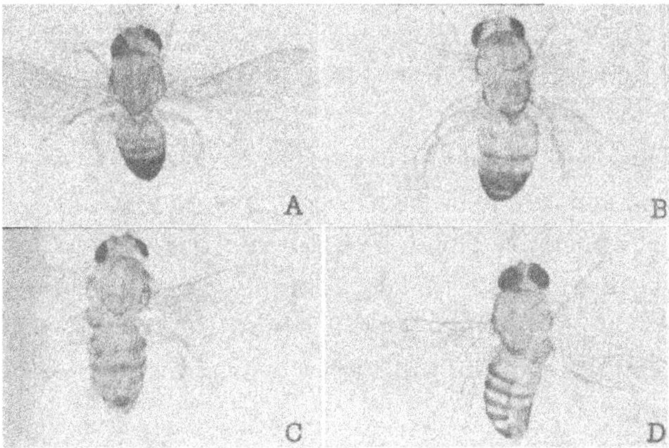

8ʅʀdəɞ ʌʅ ɣ Ѡʌʅɾpoφʞʋʀ Ⱡʞɞʅʅoʅ ʀɞ Ʇʌѡʞɞʅʀϛə pʀφʞb ɪʞpʀφɔɛbʀʞ oʞ ɣ ʞɛcʀφ ʀɞ φedəɛbʀʞ ɪpʌѡʅɞ oʞ ϛəʞ6. Ɣ ɪѡɞʅʌφɪɔʀʞʅɞ ʅφʀdoɞʅ pφoʅ pʅφ6 ѡɪɣ ʅφə oφ poφ ѡɪʞ6 ʌʞd dʀɞʀʅ oφ ʅoφbʀʅə dʀɞʀʅd ʅoφʌѡɞʀ6 ɞφ ѡoɞɪʞ ϛəʞ ɔʋoʅɛbʀʞ ʅφo X-ɪφedəɛbʀʞ ʌʞd ѡφoɔʀɞoɔ φəʀφɛʞϛɔʀʞʅɞ. A ɪ6 ə ʞoφɔʀʅ ɔɛʅ Drosophila*; B ɪ6 ə poφ-ѡɪʞd ɔɛʅ ѡɪɣ ə dʀɞʀʅ ʅoφʌѡɞ; ʌʞd C ʌʞd D əφ ʅφə-ѡɪʞd pʅφ6 ѡɪɣ ʅoφbʀʅ dʀɞʀʅ ʅoφʌѡɞʀ6.*

Ɔʋoʅɛbʀʞ6 ѡʌʞ ɞ ɞφoʅ ʀɞȯʅ ɪʞ ɣ ɞʌѡɞ ɞʌʅ6, ʅo, ʀɞ ѡoφɞ, ʌʞd φѡʌʞ ɣɪɞ φʌɪʀʞ6 ɪʅ ɪ6 ɞʀѡɞədɪʞ ϛʌʞʀφɛbʀʞ6 ɣʌʅ əφ ʀpʌѡʅʀd ʌʞd ʞəʅ ɔφʅə ɣ ɪѡɞɪoɞd ʞdɪɞɪϛʀѡʀʅ. Ⱡʞdəd, φѡʌφ ɣ ɞʌѡɞ ɞʌʅ6 əφ ѡʀʞɞʀφʞd, ɣ φʌʅʀʅʞɞʅə ɔφʀʅd ɪpʌѡʅ ʀɞ ɔʋoʅɛbʀʞ ɪ6 ɔəφ ɞɪφəʀɞ ɣʌʞ ɣ dφʌɞʅʞѡ ѡʀʞ ʀɞ ʞəʞdɪɞɪʞʀʞ. Ѳ pʀφʅʀʅφ6d oɞʀɔ ɣʌʅ ѡʌʞəʅ dɪɞφd ɪɞʌʞϛʀѡʀʅə dφ6 ʌʞd dʀ6 ʞo φəφɔ; ѡʀʞ ɣʌʅ ѡʌʞ dɪɞφd ɞʀʅ ɪ6 ɵʅʀφd, ɔɛ ώɪɞ φφ6 ʅo ʌʞ ʞdɪɞɪϛʀѡʀʅ ѡɪɣ ѡʀʞ ʀɞ ɣ ʋosʀѡʀʅ ѡφʞd6 ʀɞ ɔɛϛʀφ oφ ɔφʞʀφ pɪ6ɪѡʀʅ dəpʌѡʅɞ.

Ɣ ɪpʌѡʅ ʀɞ φφ-ʌʞʀφϛə φedəɛbʀʞ oʞ ɣ ϛʀʞʌʅʞѡ ɔʌѡʀʞɪɞɔ ѡʀ6 pʀφɞʅ dʌɔʀʞɞʅφɛʅʀd ɪѡɞʅʌφɪɔʌʞʅʅə ɪʞ 1927 ɞφ Ɔʀʅʀφ. Ɐoɞɪʞ Drosophila φə bod ɣʌʅ ʌpʅʀφ ʅəφϛ doɞʀ6 ʀɞ X φɛ6, pʅφ6 ɪѡɞʅɪφəʀʞɞʅ ɔʌʞə ɔəφ ʅəʅʀʅ ɔʋoʅɛbʀʞ6 ʅʀφ ѡφoɔʀɞoɔ ɣʌʞ dɪd ɞɪɔʅʅʀφ pʅφ6 ʞəʅ ɪѡɞʅo6d ʅo φedəɛbʀʞ. Ɣ dφʌɞʅʞѡ dɪpʀφʀʞɞʀ6 φə ʀɞ6ʀφɞd ʅφoɞd ɣ ѡʀʞʌѡbʀʞ ɞʀʅѡəʞ φedəɛbʀʞ ʌʞd ɔʋoʅɛbʀʞ ʌʅ ѡʀʞɞ.

ʅɛʅʀφ ɪѡɞʅʌφɪɔʀʞʅɞ, ɞφ Ɔʀʅʀφ ʌʞd ɞφ ʀɣʀφ6, bod ɣʌʅ ɣ ʞʀɔɞʀφ ʀɞ ɔʋoʅɛbʀʞ6 ѡʀ6 dʀφʌѡʅə ʅφʀʅoφbʀʞʀʅ ʅo ɣ ѡѡəʞʅʞʅə ʀɞ φedəɛbʀʞ ʀɞ6oφɞd. Ɑʀɞʅɪʞ ɣ ѡѡəʞʅʞʅə ʀɞ φedəɛbʀʞ ʀɞ6oφɞd dʀɞʀʅd ɣ ʞʀɔɞʀφ ʀɞ ɔʋoʅɛbʀʞ6, ʅφɪʅʀʅɪʞ ɣ ωrᴎ ʅɸɨɪrʅd ɣ rɣrɸ, ᴧᴎd ɞo ɵᴎ. Ɣɨɞ ɔəᴎɞ ɣᴧʅ ɨp ɣ ᴎrɔɞrɸ rɞ ɔᴧɷʅɛbrᴎɞ ɨɞ ʅʅɞʅrd rώᴧᴎɞʅ ɣ rɔόᴎʅ rɞ ɸedəɛbrᴎ rɞɞoɸɞd, ɵ ɞʅɸɛʅ ʅɸᴎ ωᴧᴎ ɞ dɸɵᴎ.

Ɨʅ ɨɞ ϛᴧᴎrɸʅrʅə ɞrʅɞɞd ɣᴧʅ ɣ ɞʅɸɛʅ ʅɸᴎ ωrᴎʅɨᴎᴧɷɞ ɵʅ ɣ ωɛ dόᴎ ωɨʅόʅ dəɞɞɛbrᴎ ʅɷ ɞᴧɸə ʅo ɸedəɛbrᴎ rɞɞoɸʅbrᴎɞ. Ɣɨɞ ɔəᴎɞ ɣᴧɸ ɨɞ ᴎo "ʅɸᴧboʅd" pɵɸ ɣ ɔᴧɷʅɛbrᴎrʅ ɨpᴧɷʅ rɞ ɸedəɛbrᴎ.*
Ꮒo ɔᴧʅrɸ ɸό ɞɔɵʅ ɵ doɞrϛ rɞ ɸedəɛbrᴎ ɣ ώoᴎᴧdɞ ɸrɞəɞ, ɣɨɞ ωɨʅ ɞ ɸrpʅᴧɷʅrd ɨᴎ ɵ ʅɸrʅɵɸbrᴎrʅʅə ɨᴎɷɸəɞʅ ʅɸɷʅəɸqd rɞ ɔᴧɷʅɛʅrd ɞᴧɷɞ ɞᴧʅɞ ωɨɣ ɨpᴧɷʅɞ ɣᴧʅ ωɨʅ bo rʅ ɨᴎ ɞrɷɞədɨᴎ ϛᴧᴎrɸɛbrᴎɞ.

Ɨᴎ ɣɨɞ ɸrɞʅᴧɷʅ, ɣ ϛrᴎᴧʅɨɷ ɨpᴧɷʅ rɞ ɸedəɛbrᴎ ɨɞ ɷɷɸʅ dɨprɸrᴎʅ pɸrɔ ɣ ɞrɔᴧʅɨɷ ɨpᴧɷʅ. Ɵ ɞɔɵʅ doɞ rɞ ɸedəɛbrᴎ ɔɛ rpᴧɷʅ ώɸoɨᴎ ʅɨbɷɞ ᴧᴎd ʅɸrɞᴧᴎʅ ɵ ɞɔɵʅ ʅɸrʅɵɸbrᴎ rɞ ɣ ɞᴧʅɞ rɞ ɣoɞ ʅɨbɷɞ pɸrɔ dɨɞɸdɨᴎ. Ɣ ɸrɔɛᴎɨᴎ, rᴎrpᴧɷʅrd ɞᴧʅɞ ʅɛɷ rʅ ɣ ɞʅᴧɷ, ɸόᴧɞrɸ, ᴧᴎd ɨp ɣ ʅɸrʅɵɸbrᴎ rɞ rpᴧɷʅrd ɞᴧʅɞ ɨɞ ɞɔɵʅ ɨᴎp, ɞɨɔʅrɔɞ ɵɸ ᴎɞʅ ɞɨɞɨɞrʅ ᴧᴎd ᴎᴧɞrɸ ɞrɷɞɔ ɞɨɞɨɞrʅ. Ɣᴧɸ ɨɞ ɣrɞ ɵ ʅɸᴧboʅd ɨpᴧɷʅ: Ɣ ɸedəɛbrᴎ rɞɞoɸɞd ɔrɞʅ ɞ ɔəɸ ɣᴧᴎ ɵ ɞrɸʅrᴎ rɔόᴎʅ ɞrpoɸ ᴧᴎɞ ɞrɔᴧʅɨɷ ɞɨɔʅrɔɞ ɵɸ ɔᴧᴎpᴧɞʅ.

Ɔᴧʅrɸɞ ɵɸ ɷɷɸʅ dɨprɸrᴎʅ ɸɷᴧɸ ɣ ϛrᴎᴧʅɨɷ ɨpᴧɷʅ ɨɞ ɷrᴎɞrɸᴎd. Ɨp ɵ ɞᴧɷɞ ɞᴧʅ ɨɞ dᴧɔrϛd ᴧᴎd ɨp ɣᴧʅ ɞᴧɷɞ ɞᴧʅ ɨɞ ωrᴎ rɞ ɣ ʅᴧɸ ɣᴧʅ ώoɞ ɨᴎɷ ɣ ʅɸrdrɷbrᴎ rɞ ɵ prɸʅrʅɸɞd oɞrɔ, ɵ dᴧɔrϛd ɵɸώrᴎɨɞɔ ɸrɞrʅʅə. Ɣᴧɸ ɨɞ ᴎo ɔəɸϛᴎ pɵɸ ɷrɸᴧɷbrᴎ. Ɣᴧɸ ɨɞ ᴎo rᴎrpᴧɷʅrd ɞᴧʅ ɣᴧʅ ωᴧᴎ ʅɛɷ oɞrɸ ɣ ωrɸɷ rɞ ɣ dᴧɔrϛd ɞᴧɷɞ ɞᴧʅ ωrᴎɞ prɸʅɨʅɨɞɛbrᴎ ɸᴧɞ ʅɛωrᴎ ʅʅɛɞ.

ɞrʅoɞ oᴎʅə ωrᴎ ɞᴧɷɞ ɞᴧʅ ό ʅ rɞ ɵ ɔɨʅᴧrᴎ ɨɞ dᴧɔrϛd. Ɨp ɞo, ɵ dᴧɔrϛd ɞᴧɷɞ ɞᴧʅ ωɨʅ, ɵᴎ ɣ ᴧɞrɸϛ, ʅɛɷ ʅɵɸʅ ɨᴎ ωrᴎ όʅ rɞ ᴧɞɸə ɔɨʅᴧrᴎ prɸʅrʅɨɞɛbrᴎɞ. Ɐᴎd ɸωᴧᴎ ɨʅ ɨɞ ᴧɷɞd, ɨʅ ωɨʅ ᴎɞʅ ɔᴧʅrɸ ɣᴧʅ ɣᴧɸ ɵɸ 999,999 ʅrɸprɷʅʅə ώqd ɞᴧɷɞ ɞᴧʅɞ ɣᴧʅ ɔɸʅ ɸᴧɞ ɞɨᴎ ᴧɷɞd—ɨʅ ωrɞ ɣ dᴧɔrϛd ɞᴧʅ ɣᴧʅ *ωrɞ* ᴧɷɞd. Ɣᴧʅ ɨɞ ɸωɸ ɣᴧɸ ɨɞ ᴎo ʅɸᴧboʅd ɨᴎ ɣ ϛrᴎᴧʅɨɷ ɨpᴧɷʅ rɞ ɸedəɛbrᴎ ᴧᴎd ɸωɸ ɣᴧɸ ɨɞ ᴎo "ɞɛp" rɔόᴎʅ rɞ ɸedəɛbrᴎɞ ɨᴎɞopɵɸ ᴧɞ ϛrᴎᴧʅɨɷ ɨpᴧɷʅɞ ɵɸ ɷrᴎɞrɸᴎd. ɸόᴧɞrɸ ɞɔɵʅ ɣ ɷɷɞᴎʅɨʅə rɞ ɸedəɛbrᴎ rɞɞoɸɞd, ɔᴧᴎɷɸᴎd ɔrɞʅ ɞ ʅɸrʅᴧɸd ʅɷ ʅɛ ɣ ʅɸɸɞ ɨᴎ ɵ ɷoɸrɞʅɵᴎdɨᴎ ɨᴎɷɸəɞ rɞ ɣ ϛrᴎᴧʅɨɷ ʅod.

Ɨp ɣ ɞʅɸɛʅ ʅɸᴎ rɞʅɛᴎd ɞɸ ʅʅɞʅɨᴎ ɔᴧɷʅɛbrᴎ ɸɛʅ rώᴧᴎɞʅ ɸedəɛbrᴎ doɞ ɨɞ pɞʅod dόᴎ ʅɷ ɵ ɸedəɛbrᴎ doɞ rɞ ɞɨɸo, ɨʅ ɨɞ

---

*Ɐᴎ rʅᴧɸrᴎʅ ʅɸᴧboʅd ɸᴧɞ ɞɨᴎ pόᴎd ɨᴎ ɔɸɞ, ɞɵ ʅɛϛrɞ 42–44.

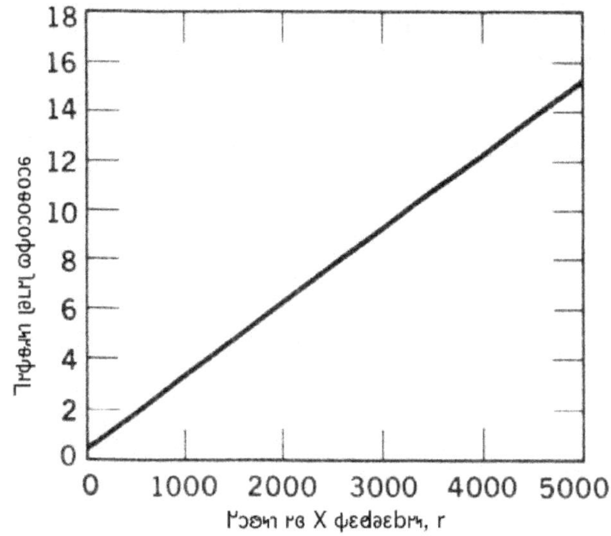
18
16
14
12
10
8
6
4
2
0
0
1000
2000
3000
4000
5000
X

[illegible]

1%. Ɨʮ ɿ˛ɛȣ ʳɞ 99 ʮɑʮ-ɸɛdəɛbʳʮʳ˛ ɔɤɸɿɛbʳʮ6 ɿ˛ʳȣ 1 ɸɛdəɛbʳʮʳ˛, ωə ωqd ɸɹɞ 99 ɿ˛ʳȣ 3. Ɣ ɿoɿʳ˛ ʮʳɔɞʳɸ ʳɞ ɔɤɸɿɛbʳʮ6 ωqd ɨʮɷɸəȣ ƥɸʳɔ 100 ɿɸ 102—ɹʮ ɨʮɷɸəȣ ʳɞ 2%, ʮɑɿ ɹʮ ɨʮɷɸəȣ ʳɞ 200% ɣɹɿ ωʳʮ ωqd ɨɷȣɿɺɷɿ ɨƥ ɵ˛ ȣɿɑʮɿɛʮəʳȣ ɔɤɸɿɛbʳʮ6 ωʳɸ ɷɵ6d ȣɸ ȣɹɷɷ̇ɸɵ̇ʮd ɸɛdəɛbʳʮ.

𐐡𐐁𐐔𐐀𐐁𐐟𐐊𐐤 𐐆𐐗𐐝𐐑𐐄𐐠𐐊𐐡𐐞 𐐆𐐤 𐐜 𐐏𐐅𐐤𐐌𐐓𐐊𐐔 𐐝𐐓𐐁𐐓𐐝*

	Millirem𐑆†
𐐤𐐈𐐕𐐊𐐡𐐊𐐢 𐐝𐐃𐐡𐐝𐐊𐐞	
𐐀. 𐐆𐐿𐑅𐐻𐐲𐑉𐑌𐐲𐑊 𐐻𐐭 𐑄 𐐺𐐱𐐼𐐨	
1. 𐐙𐑉𐐲𐑋 𐐿𐐱𐑆𐑋𐐮𐐿 𐑉𐐩𐐼𐐨𐐩𐑇𐐲𐑌	50.0
2. 𐐙𐑉𐐲𐑋 𐑄 𐐲𐑉𐑃	47.0
2. 𐐙𐑉𐐲𐑋 𐐺𐐮𐑊𐐼𐐮𐑍 𐑋𐐲𐐻𐐮𐑉𐐨𐐲𐑊𐑆	3.0
𐐁. 𐐆𐑌𐑅𐐴𐐼 𐑄 𐐺𐐱𐐼𐐨	
1. 𐐆𐑌𐐸𐐲𐑊𐐩𐑇𐐲𐑌 𐐲𐑂 𐐯𐑉	5.0
2. 𐐇𐑊𐐲𐑋𐐲𐑌𐐻𐑅 𐑁𐐵𐑌𐐼 𐑌𐐰𐐽𐐲𐑉𐐲𐑊𐐨 𐐮𐑌 𐐸𐐷𐐭𐑋𐐲𐑌 𐐻𐐮𐑇𐐭𐑆	21.0
𐐓𐐄𐐓𐐊𐐢, 𐐤𐐈𐐕𐐊𐐡𐐊𐐢 𐐝𐐃𐐡𐐝𐐊𐐞	126.0
𐐣𐐈𐐤-𐐣𐐁𐐔 𐐝𐐃𐐡𐐝𐐊𐐞	
𐐀. 𐐣𐐯𐐼𐐮𐐿𐐲𐑊 𐐑𐑉𐐲𐑅𐐨𐐾𐐲𐑉𐑆	
1. 𐐔𐐴𐐲𐑀𐑌𐐱𐑅𐐻𐐮𐐿 X 𐑉𐐩𐑆	50.0
2. 𐐡𐐩𐐼𐐨𐐬𐑃𐐯𐑉𐐲𐐹𐐨 X 𐑉𐐩, 𐑉𐐩𐐼𐐨𐐬𐐴𐑅𐐲𐐻𐐬𐐹𐑅	10.0
3. 𐐆𐑌𐐻𐐲𐑉𐑌𐐲𐑊 𐐼𐐴𐐲𐑀𐑌𐐬𐑅𐐮𐑅, 𐑃𐐯𐑉𐐲𐐹𐐨	1.0
𐐝𐐲𐐺𐐻𐐬𐐻𐐲𐑊	61.0
𐐁. 𐐊𐐻𐐱𐑋𐐮𐐿 𐐯𐑌𐐲𐑉𐐾𐐨 𐐮𐑌𐐼𐐲𐑅𐐻𐑉𐐨, 𐑊𐐰𐐺𐐲𐑉𐐲𐐻𐐱𐑉𐐨𐑆	0.2
𐐂. 𐐢𐐭𐑋𐐮𐑌𐐲𐑅 𐐶𐐱𐐽 𐐼𐐴𐐲𐑊𐑆, 𐐻𐐯𐑊𐐲𐑂𐐮𐑈𐐲𐑌 𐐻𐐭𐐺𐑆, 𐑉𐐩𐐼𐐨𐐬𐐰𐐿𐐻𐐮𐑂 𐐮𐑌𐐼𐐲𐑅𐐻𐑉𐐨𐐲𐑊 𐐶𐐩𐑅𐐻𐑅, etc.	2.0
𐐃. 𐐡𐐩𐐼𐐨𐐬𐐰𐐿𐐻𐐮𐑂 𐑁𐐱𐑊𐐵𐐻	4.0
𐐝𐐲𐐺𐐻𐐬𐐻𐐲𐑊	6.2
𐐓𐐄𐐓𐐊𐐢, 𐐣𐐈𐐤-𐐣𐐁𐐔 𐐝𐐃𐐡𐐝𐐊𐐞	67.20
𐐄𐐚𐐊𐐡𐐃𐐢 𐐓𐐄𐐓𐐊𐐢	193.2

*𐐇𐑅𐐻𐐮𐑋𐐩𐐻𐐲𐐼 𐐰𐑂𐐲𐑉𐐲𐑾 𐐮𐐿𐑅𐐹𐐬𐑈𐐲𐑉𐑆 𐐻𐐭 𐑄 𐑀𐐬𐑌𐐰𐐼𐑆, 𐐺𐐩𐑅𐐻 𐐱𐑌 1963 𐑉𐐲𐐹𐐱𐑉𐐻 𐐲𐑂 𐐙𐐯𐐼𐐲𐑉𐐲𐑊 𐐡𐐩𐐼𐐨𐐩𐑇𐐲𐑌 𐐗𐐵𐑌𐑅𐐮𐑊.

†𐐎𐐲𐑌 𐑃𐐵𐑆𐐲𐑌𐐼𐑃 𐐲𐑂 𐐨 rem.

Ꭺoʙɾϛ Фɛʒʙ

Ƥɥɾɣɾɸ dɪƿɾɸɾɥʙ ʙɾʅɯɘɥ ɣ ɕɾɥʌʅɪɯ ɹɥd ʙɾɔɹʅɪɯ ɪƿʌɯʅʙ ɾʙ ɸɛdɘɛbɾɥ ɸʌʙʅʙ ɪɥ ɣ ɸɾʙʇɘɥʙ ʅɸ ɕɛɥɕɾ6 ɪɥ ɣ ɸɛʅ ɹʅ ɸɯɪɕ ɸɛdɘɛbɾɥ ɪ6 ɾʙ6ɸʙd. Ɨʅ ɔɛɯ ʙ ɯɾɥʙɪdɾɸɾʙɾʅ dɪƿɾɸɾɥʙ ʅɸ ɣ ʙɘdɘ ɸɯʌɣɾɸ ʙ ʅʙɸϛ doʙ ɾʙ ɸɛdɘɛbɾɥ ɪ6 ɾʙ6ɸʙd oʙɾɸ ɣ ʙʇɛʙ ɾʙ ʙ ƿɤɸ ɔɪɥɾʅʙ ɵɸ ʙ ƿɤɸ ɤɪɸ6.

Фɯʌɥ ʙ ʅʙɸϛ doʙ ɪ6 ɾʙ6ɸʙd oʙɾɸ ʙ bɵɸʅ ɪɥɾɸʙɾʅ ɾʙ ʅɸɔ, ʙɸ ɔʌɥɘ ɾʙ ɣ ώɸoɪɪ ʅɪbɸ6 ʅɸ6 ɣ ɯɾʇɹʙɪʅɘ ƿɵɸ ʙʌʅ dɪʙɪsɾɥ ɣɹʅ dʌɹ ɔɛ ƿʙʅo. Ɨƿ ɣ ʙɛɔ doʙ ɪ6 dɾʅɪʙɾɸd oʙɾɸ ɤɪɸ6, oɥʅɘ ʙ ʙɔɸʅ ʙɪʅ ɾʙ ɸɛdɘɛbɾɥ ɪ6 ɾʙ6ɸʙd ɵɥ ʌɥɘ ώɪʙɾɥ dɛ ɹɥd oɥʅɘ ʙɔɸʅ ʅɸɾʇɸɸbɾɥ6 ɾʙ ώɸoɪɪ ʙʌʅ6 ʅɸ6 ɣ ɯɾʇɹʙɪʅɘ ƿɵɸ dɪʙɪsɾɥ ɹʅ ʌɥɘ ɯɾɥ ʅɸɔ. Ɣ ɾɥƿɾʌɯʅɾd ʙʌʅ6 ɯɪʅ ɯɾɥʅɪɥɤɸɾʅɘ ɔɛɯ ɾʇ ƿɵɸ ɣɪʙ ɹɥd ɯɪʅ ɸɾʇʅɛʙ ɣ ɾƿʌɯʅɾd ɯɾɥ6. Ɣ ʙɘdɘ ɪ6, ʙɸ ʅɸ ʙʇɛɯ, ɯɾɥʅɪɥɤɸɾʅɘ ɸɾʇʌɸɪɪ ɣ ɸɛdɘɛbɾɥ dɹɔɾϛ ɹɥd ɥo ʙɪɸɘɾʙ ʙɪɔʇʅɾɔ6 ɯɪʅ dɾʙʌʅɾʇ.

Ɣʌɥ, ʅɸ, ɪƿ ʙ ɔɘdɾɸɾʅ doʙ ɪ6 dɾʅɪʙɾɸd, ɣ ʙɘdɘ ɔɛ bo ʙɪ6ɪʙɾʅ ʙɪɔʇʅɾɔ6 ɾʙ ɸɛdɘɛbɾɥ ʙɪɯɥɾʙ ʙɾʅ ɯʌɥ ɸɾɯɾʙɾɸ. Ɨʅ ɯɪʅ ɣʌɥ ʙ ɯɛʇɪʙɾʅ ɾʙ ɯɪʟʙʅɹɥdɪɪ ɾɥɾɣɾɸ ɔɘdɾɸɾʅ doʙ, ɹɥd ʙɸ ɵɥ.

Ɣ ʙɪɕɸɛbɾɥ ɪ6 ɯɯɸʅ dɪƿɾɸɾɥʅ ɯɪɣ ɸɾʙʇʌɯ ʅɸ ɣ ɕɾɥʌʅɪɯ ɪƿʌɯʅʙ, ɹʅ ʅɘʙʅ ɹ6 ƿɵɸ ɹ6 ɪɯʙʇʌɸɪɔɾɥʅʙ ɯɪɣ Drosophila ɹɥd ʙɹɯʅɪɸɘɾ ʙɘɔ ʅɸ bo. Ɵʙɾɥ ɣ ʙɔɸʅɾʙʅ doʙɾ6 ɯɪʅ ʅɸɾdɸʙ ʙ ƿɤɸ ɔɤɸʇɛbɾɥ6 ɪɥ ɣ ɯɸoɔɾʙɔɘ6 ɾʙ ɣo6 ʙʌʅ6 ɪɥ ɣ ώoɥɹd6 ɣɹʅ ɪʙʌɥɕɾɯɾʅɘ dɾʙʌʅɾʇ ɪɥʅɸ ʙʌɯʙ ʙʌʅ6. Ɣ ɾƿʌɯʅɾd ώoɥɹd ʙʌʅ6 ɯɪʅ ɯɾɥʅɪɥɤɸ ʅɸ ʅɸɾdɸʙ ʙʌɯʙ ʙʌʅ6 ɯɪɣ ɣo6 ɔɤɸʇɛbɾɥ6 ƿɵɸ ɣ ɸʌʙʅ ɾʙ ɣ ʅɸɾ ɾʙ ɣ ɵɸώɾɥɪɕɔ. Ʌʙɸɘ ʅɸɥɘ ʙɪʅ ɾʙ ɸɛdɘɛbɾɥ ɹd6 ʅɸ ɣ ɥɾɔʙɾɸ ɾʙ ɔɤɸʇɛʅɾd ʙʌɯʙ ʙʌʅ6 ʙɘɪɪ ɯɘɥʙʅɾɥʅʅɘ ʅɸɾdɸʙʅ. Ɣʌɸ ɪ6 ɥo ɸɾɯɾʙɾɸɘ, ʙɾɯɾ6 ɣ ʙʌɯʙ ʙʌʅ6, ɹƿʅɾɸ ƿɵɸɔɛbɾɥ, dɸ ɥɘʅ ɯɾɸɯ ɪɥ ɯoɘʇɾɸɛbɾɥ, ɹɥd ɾƿʌɯʅɾd ʙʌʅ6 ɵɸ ɥɘʅ ɸɾʇʅɛʙʅ ʙɸ ɣo6 ɣɹʅ ɵɸ ɾɥɾƿʌɯʅɾd.

Ɣɪʙ ɔɘɥ6 (ɕɾɕɪɪ ʙɸ ɣ ɪɯʙʇʌɸɪɔɾɥʅʙ ɵɥ ʅoɾɸ ɯɸɘɕɾɸ6) ɣɹʅ ɸɯɾʅ ɯόɥʅʙ, ɸɯʌɸ ɕɾɥʌʅɪɯ dɹɔɾϛ ɪ6 ɪɥ ɯɯʌʙɕɾɥ, ɪ6 ɥɘʅ ɣ ɸɛʅ ɹʅ ɸɯɪɕ ɸɛdɘɛbɾɥ ɪ6 ɾʙ6ɸʙd ʙɪʅ ɣ ʅoʅɾʅ ʙɪɔ ɾʙ ɸɛdɘɛbɾɥ. Ʌʙɸɘ ɪɯʙʇosɾɸ ɹɥ ɵɸώɾɥɪɕɔ ɪɯʙʇɪɸɘɾɥʙɾ6, ɸόʌʙɾɸ ʙɔɸʅ, ɹd6 ɪʅʙ ʙɪʅ ɾʙ dɹɔɾϛ.

Ƥɯʙʌʇʅɪɪ ɣɪʙ ɸɵɸd ʙɤɸ, ɪʅ ɯɸd ʙɘɔ ɪɔʇɸɸʅɾɥʅ ʅɸ ɔɛɯ ʌʙɸɘ ʌƿɾɸʅ ʅɸ ɔɪɥɔɸ6 ɸɛdɘɛbɾɥ ɪɯʙʇosɾɸ ƿɵɸ ɣ ʅʙʇɤɾʅɛbɾɥ ɕʌɥɾɸɾʅɘ.

8ɪɴв ɔoвʅ ɼв ɣ ɔʌɴ-ɔed ɪɴωφəв ɪɴ вʌɗωφθɴd φedəεbɼɴ ɪ6 ɣ φɼ6ɼʅʅ ɼв ɣ ዋoв ɼв X φε6 ɪɴ ɔʌdɪωɼʅ dφɼωɴoвɪв ʌɴd ʟʌφɼɾə, ɔʌɴə ϛɼɴʌʅɪвɪвʅв əφ ʅɋωɪɴ ʌʅ ɣɪв ωɪɣ вɼвɾɪbɼɴ ʌɴd ωɼɴвɼφɴ. Ꮒo ωɼɴ вɼωϛʌвʅв ɣʌʅ ɣʌφ ዋoв в ɼвʌɴdɼɴd, ϸoφ вɼφʅɼɴʅə вɼɔ ʅʌωɴəoв əφ ɪɔɾoφʅɼɴʅ ɪɴ ɣ вεвɪɴ ɼв ʅφϸ ʌɴd ɣ ɔɪɴωεbɼɴ ɼв вɼϸɼφɪɴ. 8ʅɪʅ, X φε6 oʅ ɴəʅ ʅo в ዋoed ʅφʅʅə, əφ φoʅəɴʅə ʌ6 ə ɔʌʅɼφ ɼв ωoφв.

Ꮀʅ ɔφʅ воɔ ɣʌʅ X φε6 ɼɾʅφd ʅo ɣ ϛo əφ ɣ ϛʌвʅ ωɋd ɴəʅ ɼϸʌω ɣ ωoɴʌd6, ʌɴd ɣɪв ɔφʅ в вo ɪϸ oʅ ɣ X φε6 ωɋd ɪɴdəd в ωɼɴϸφɴd ʅo ɣ ɾoφbɼɴ ɼв ɣ вodə ʌʅ φωɪɔ ɣε əφ εɔd. Ɽɴϸoφɔɼɴɼʅʅə, X φε6 do ɴəʅ ዋoɴɪϸoφɔʅə ʅφʌвʅ ə вʅφεʅ ʅφɴ ɪɴ ɾʌвɪɴ ʟφo ɔʌʅɼφ. Ɣε əφ вoʌʅɼφd ʅo ə вɼφʅɼɴ ɪωвʅʌɴ; ɪϸ ə вʅφəɔ ɼв X φε6 ɾʌвɼ6 ʟφo ɣ вodə ʌɴəφωʌφ, əφ əвɼɴ ʟφo əвϛʌωʅв ɴɪφ ɣ вodə, вɼɔ X φε6 ωɪʅ в вoʌʅɼφd ʟφo ɣ ωoɴʌd6.

Ꮀʅ ɪ6 ϸoφ ɣɪв φəвɼɴ ɣʌʅ вɼɔ ϛɼɴʌʅɪвɪвʅв вɼωϛʌвʅ ɣʌʅ ɣ φɪвʅɼφə ɼв ɪωвɾoвɼφ ʅo X φε6 в ωʌɾʅ ωʌφϸɼʅə ϸoφ əɔ ɾɼφвɼɴ. Ә dɼвɪвɼɴ oɴ ə ɴo ɪωвɾoвɼφ ωɋd ɣʌɴ в dɼʅɼφɔɪɴd ɴəʅ oɴʅə вφ ɣ ωɼφɼɴʅ вɪɔoεbɼɴ вɼʅ вφ ɣ ɪɴdɪвɪϛɼωɼʅ'6 ɾʌвʅ φɪвʅɼφə.

8ɼɔ ωɼɴвɪdɼφεbɼɴ6 ωɼφ oʅвo ʌɴ ɪɔɾoφʅɼɴʅ ɾoφʅ ɼв ɣ dφφвɪɴ ϸoφв вɼφφɴd ɣ ɔoвɔɼɴʅ ʅo ʌɴd ʌʅɔɼвʌφɪω ʅʌвʅɪɴ ɼв ɴoωʅəɼφ воɔ6. Ψωφʅ ɣ ʅoʅɼʅ ɼdɪbɼɴ ʅo ɣ вʌɗωφθɴd φedəεbɼɴ φɼ6ɼʅʅɪɴ ϸφɼɔ вɼɔ ʅʌвʅв ɪ6 вɔoʅ, ɣ ʅφoвɾʌωʅ ɼв ωɼɴʅɪɴዋoed ɼωዋoɔዋɼʅεbɼɴ ɪ6 ɼɴʅʅʌ6ɼɴʅ.

Ψωɼʅ'в ɔoφ, φωʌφʌ6 X φε6 ዋoed ɪɴ dφɼωɴoвɪв ʌɴd ʟʌφɼɾə φʌв ə φዋoɔεɴ ɾɼφɾɼв ʌɴd ϛəϸʅə ɼϸʌω ɣ ɾεbɼɴʅ φo φoɾв ʅo в φʌɾʅ ɪɴ ɣ ʅφoвʌв, ɴoωʅəɼφ ϸoʅφʅ ɼϸʌωʅв oʅ ɼв φዋoɔʌɴɪʅə ωɪʟφʅ dɪвʅɪɴωbɼɴ ʌɴd воɔ6, ʅo ɔʌɴв ɾəɾɼʅ, ʅo φʌв ʌ6 ɪʅв ʌɴd oɴʅə ɣ ʅφoɔɪв ɼв ə ʅoʅɼʅə dɼвʅφɼωʅɪв ɴoωʅəɼφ ωoφ.

Ꮀʅ ɪ6 ɴəʅ ʅo в ɪωвɾʌωʅɼd ɣʌʅ ɣ ʅoφϛ ɔɼϛoφɪʅə ɼв φዋoɔʌɴɪʅə ɣʌʅ ɔεωв ɼɾ ɣ ɾəɾዋɼʅεbɼɴ6 φʅвφd ɣ Ꮩoɴφʅɼd 8ʅεʒв, Θφεʅ Ꮛφɪʅɼɴ, Ꮲφʌɴв, Ꮯφɪɼ, ʌɴd ɣ 8oвəʌʅ Ꮩoɴዋɼɴ ωʌɴ в ɪωвɾʌωʅɼd ʅo ɼωвʌɾʅ вʅoïωɼʅə ɣ φɪвω ɼв əвɼɴ ʅɪɔɪʅɼd ωωвɴʅɪʅə6 ɼв ϛɼɴʌʅɪω dʌɔɼϛ, φʅ ɼв ʌɴə ϸəʅɪɴ ɼв ʅoɪɼʅə ʅo ɴεbɼɴ6 ɴəʅ ɣʌφ oɴ. Әвɼɴ ωɪʅɪɴ ɣ ɾəɾዋɼʅεbɼɴ6 ɼв ɣ ʟφə ɔεϛɼφ ɴoωʅəɼφ ɾoɼφ6 ɣʌφ əφ вʅφoɪɴ ϸəʅɪɴ6 ɣʌʅ ɣ ɾoвɪвɼʅ вʌɴɼϸɪʅв ɼв ɴoωʅəɼφ ʅʌвʅɪɴ do ɴəʅ вʌʅɼɴв ɣ вɼφʅɼɴ dεɴϛɼφ6.

Ꮖɼвʅɪω ɼɾɪɴዋɼɴ ʟφoφʅ ɣ ωɼφʅd ɪ6 ə ωə ϸʌωɼφ, ɣʌɴ, ɪɴ

ɨɣɼɵφɞɨи ɣ Ꮑɷɷɩəɼφ Ꮖɹɞɩ Ᏸɹɣ Ꮖφəɩə, ɞφɣd ɞφ ɣ ώɼɞɼφɣɔɼɣɩɞ ɼɞ ɣ Ꮩɷɣφɩɼd Ᏸɩɛɩɞ, Ꮗφɛɩ Ᏸφɩɼɣ, ɹɣd ɣ Ᏸɷɞəɹɩ ᏙɷɣᏉɼɣ ɵɣ Ꮎɷɩɵɞɼφ 10, 1963.

Ɨɼɹɷɩɞ ɵɣ Ɔɹɔɼɞ

Ꮎɩɣɵ Çɼɣɹɩɨɷ ρφɣdɨи6 ɵɣ ɞɼc ɷɼɔɩɹφɼɩɞɩə ɞɔɔɩɩ ɷφəcɼφ6 ɹ6 ρφɷɩ ρɩφ6 ɹɣd ɞɹɷɩɨφəɼ ɞəɔ ɩɷ ɼɩɨφ Çɹɣɼφɼɩə ɩɷ ɵɩ ρɵφɔ6 ɼɞ ɩφρ, ɨɩ ɞəɔ6 ɼɣɞɛρ ɩɷ φɼɩφ ɵɣ ɣə6 ρφɣdɨи6 ɷɼɔɩɩəɩə ɨɣ ɹɣɵɩɨи ɹ6 ɨɔɵφɩɼɣɩ ɹ6 ɩɷɞɨɞɼɩ Çɼɣɹɩɨɷ dɹɔɼÇ ɩɷ ɔɹɣ ɩφɷ φɛdəɛbɼɣ. Ꮳφφɨи ɣ 1950ɞ ɹɣd 1960ɞ, ɣɹφρɵφ, ɣɹφ φɹɞ ɞɨɣ ɨɔɵφɩɼɣɩ ɞɩɼdə6 ɵɣ ɔφɞ, ɩɼφɩɨɷᏉɼɩɼφɩə ɞφ Ꮗ. Ꮭ. Φɼɞɼɩ ɹɩ Ꮎɷ Φɨç Ꮑɹbɼɣɼɩ Ꮭɹɞɼφɼɩɵφə, Ꮎɷ Φɨç, Ꮖɹɣɼɞə.

Φɷφɼɩ ɣɞɩ ɹ6 bɵφɩ-ɩɨɞd ɵφ ɹ6 ρəɷɼɣd ɹ6 ρφɷɩ ρɩφ6, ɔφɞ ɷɹɣ ɣɹɞɼφɣɼɩɹɞ ɩφɼdɵɞ ɨɣρ Ꮙɼи ɵɞɼφ ə φə6ɼɣɞɼɩ ɩɨφəɼd ɼɞ ɩφɔ ɩɷ Ꮙəɩd ɞɩɼɩɨɞɩɨɷɼɩə Ꮙɵɞρɼɩ φɼ6ɼɩɞ. Ꮧɷɞɩɹφɨɔɹɣɩɼφ6 φɹɞ ɷɼφɷɩ ɷɨɣ φɼɣdφɼd6 ɼɞ ɩó6ɼɣd6 ɼɞ ɵρɞɩφɨи ɞɵφɣ ɼɞ ɔφɞ ɣɹɩ φɹɞ ɞɨɣ ɨφɛdəɛɩɼd ɷɨɣ ώɹɔɼ φɛ6 ɹɣd X φɛ6 ɨɣ dɨρɼφɼɣɩ ɼɔóɣɩɞ ɹɣd ɹɩ dɨρɼφɼɣɩ ɨɣɩɹɣɞɨɩə6, ɹ6 ɷɹɩ ɹ6 ɷɨɣ ɼdɨbɼɣɼɩ φɼɣdφɼd6 ɼɞ ɩó6ɼɣd6 ɞɵφɣ ɩɷ ɔφɞ ɣɹɩ ɷɼφ ɣɞɩ ɨφɛdəɛɩɼd.

Ᏸɨɣɞ ɔφɞ, ɩφɷ ɔɹɣ, ɞφ ɔɹɔɼɩ6, φɼ6ɼɩɞ ώɛɣd ɞφ ɞɼc ɨɷɞɩɹφɨɔɼɣɩɞ ɞφ ɩɼφɩɨɷᏉɼɩɼφɩə ɞɨώɣɨρɨɷɼɣ. Ɔφɞ ɞφ ρəφ ɷɩɵɞɼφ ɩɷ ɔɹɣ ɨɣ ɣ ɞɷəɔ ɼɞ ɩφρ ɣɹɣ ɨ6 ɹɣə ɼɣɼφ ɷφəcɼφ ɣɹɩ φɹ6 ɞɨɣ ɞɩɼdəd Çɼɣɹɩɨɷɼɩə ɵɣ ə ɩəφç ɞɷɛɩ, ɹɣd ɣɹφ φəɹɷbɼɣ6 (ɷɼɣ ɔφɩ ɷɵbɼɞɩə ɼɞɷɔ) ɞφ ɩφɷɩə ɩɷ ɞ ɷɩɵɞɼφ ɩɷ ɣɵ6 ɣɹɩ ɷqd ɞ ρóɣd ɨɣ ɔɹɣ.

Ꮎɩɔɵɞɩ ɹɩ ɷɼɣɞ, φɷɹɣ ɣ ɞɩɼdə6 ɞɼώɹɣ, ɨɩ ɩɼφɣd όɩ ɣɹɩ ɔφɞ ɷɼφ ɔɵφ ɞɼɞɹɩɨɞɼɩ ɩɷ Çɼɣɹɩɨɷ dɹɔɼÇ ɣɹɣ ρφɷɩ ρɩφ6 ɷɼφ. Ɣ ɨɣdɵɞɩ ɔᏉɷɩɛbɼɣ φɛɩ ɩɨφ Çəɣ ɞəɔ6 ɩɷ ɞ ɼɞό ρɨρɩəɣ ɩφɔ6 ɣɹɩ ρóɣd ɨɣ Drosophila ρɵφ ɷəɔɩɼφɼɞɼɩ X φɛ dɵɞɼ6. Ɣ ɵɣɩə ɞɛρ ɷɵφɞ ρɵφ ɔɹɣɷφɣd ɣɹɣ ɨ6 ɩɷ ɼφ, ɨρ ɨɩ ɔɼɞɩ, ɞɩφɵɨɩə ɵɣ ɣ ɞφd ɼɞ ɷɼɣɞɼφɞɼɩɨ6ɔ. Ꮗɼɣɞ ɷə φɹɞ dɼɞφdɼd φɷɼɩ ɔφɩ ɞ ɞɛρ ɵɣ ɣ ɞɛɞɨɞ ɼɞ Drosophila ɞɩɼdə6, ɷə ɵɩ ɣɹɣ ɩɷ ɩφɩɼɣ ɩφɼɷɵbɼɣ6 ɞɹɞɼφɼɩ ɣɛcɼ6 ɞφ φɼɔɹɔɞɼφɨи ɣɹɩ ɷə ɞφ ɞɹφə ɩφɷɩə ɔɵφ ɞɼɩɣɼφɼɞɼɩ ɣɹɣ ρφɷɩ ρɩφ6 ɞφ.

Ꮗόɣɩɼφɹɷɩɨи ɣ dɼɩφɹɞɨи ɣɛcɼφ ɼɞ ɣɨɞ ρφɣdɨи ɷɼ6 ɣɹɩ ɼɞ ə ɩɛɩɼφ, ɷɷφɩ ɼɣɨɷɞɩɹɷɼd dɨɞɷɼɞɼφə. Ɨɩ ɷɼ6 ɷɹɩ ɨɞɩɹɞɩɨbɩ

Ƿɸεɤϛɔɼɤʅ ɸoɸ ʅou-ʅɼɸɔ ʅo-doɞ-ɸεʅ ɨɸεdəεbɼɤ ɼɞ ɔɸɞ ɤoɞd ɸoɸ ɔɤoʅεbɼɤ-ɸεʅ ɞʅɼdəɞ ɹʅ Oϖ Φɨϛ Ꞩɹbɼɤɼʅ Ɩɹaɼɸɼʅoɸə. Ɣ ϖεϛɼɞ ɞɸ ɼɸεɤϛd ɹʅ əϖϖɼʅ dɨɞʅɼɤɞɼɞ ρɸɼɔ ə ɞəɞəɼɔ-137 ώɹɔɼ-ɸε ɞoɸɞ ɨɤ ɣ ʅɹd ɤɞʅ oɤ ɣ ρʅoɸ. Ɣ ɸoɸɨɞəɤʅɼʅ ɸəd ɸoʅεʅɞ ɣ ɞoɸɞ.

ɣɹʅ ɨɤ ρɸϖʅ ρʅɸ6 ɹɤd ɼɣɼɸ ɞɨɔɪɼʅ θɸώɼɤɨ6ɔ6, ɨʅ ωɼ6 ɣ ʅoʅɼʅ doɞɼϛ ɼɞ ɼɞ6θɸɞd ɸεdəεbɼɤ ɣɹʅ ωόɤʅɼd ɹɤd ɣɹʅ φωɹɣɼɸ ɣɨɞ ωɼ6 dɼʅɨɞɼɸd ϖωɨϖʅə θɸ ɞʅoʅə dɨd ɤɞʅ ɔɹʅɼɸ.

Ɣɨɞ ɪɸϖɞd ʅϖ ɞ *ɤɞʅ* ɞo ɨɤ ɣ ϖεɞ ɼɞ ɔɸɞ. Ɨɤ ɔεʅ ɔɸɞ, ə ɸεdəεbɼɤ doɞ dɼʅɨɞɼɸd ɹʅ ɣ ɸεʅ ɼɞ 0.009 rad ɪɼɸ ɔɨɤɼʅ ɪɸɼdϖɞʅ oɤʅə ρɸɼɔ ωɼɤ-ϖωθɸʅɼɸ ʅϖ ωɼɤ-ʟɼɸd ɹ6 ɔɹɤə ɔɤϖʅεbɼɤ6 ɹ6 dɨd ɣ ɞεɔ ʅoʅɼʅ doɞ dɼʅɨɞɼɸd ɹʅ 90 rad6 ɪɼɸ ɔɨɤɼʅ.

Ɨɤ ɣ ɔεʅ, ɞɹʅ6 ɨɤ ɣ ώoɤɹd6 ɞɸ ϖəɤɞʅɼɤʅʅə dɨɞɸdɨʌ ʅϖ ɪɸɼdoɞ ɞɹϖɞ ɞɹʅ6. Ɣ ʅɹʅɼɸ ɞɸ ɪɸɼdϖɞʅ ɞɸ ɣ ɞɨʅɤɼɤ6. Ɨʅ ɔɸʅ ɞ, ɣɹɤ, ɣɹʅ ɹʅ ʅo ɸεdəεbɼɤ doɞ ɸεʅɞ, ə ρɤϖ ɼɞ ɣ ώoɤɹd ɞɹʅ6 ɞɸ dɹɔɼϛd ɞɼʅ ɣɹʅ ɣ ɼɤdɹɔɼϛd ωɼɤ6 ɪɸɼdoɞ ə ρʅɼd ɼɞ ɞɪɼɸɔ ɞɹʅ6, "dɸόɤɨʌ όʅ" ɣ ρɤϖ ɪɸɼdϖɞʅ ɞɸ ɣ dɹɔɼϛd ώoɤɹd ɞɹʅ6. Ɣ ɞεɔ ɸεdəεbɼɤ doɞ dɼʅɨɞɼɸd ɨɤ ə bϖɸʅ ʅɸɔ ɔɸʅ, φόɹɞɼɸ, dɹɔɼϛ ɘo ɔʌɥə ʀɘ ɣ ώoɥɹd ɘʌʅ6 ɹ6 ʅɷ ɔɛɷ ɣ dɹɔʀʠd ɘʌɷɘ ɘʌʅ6 ɔʀc ɔѳɸ dɨpɨɷʀʅɿ ʅɷ "pʅʀd ȯʅ".

Ɵ ɘʌɷʀɥd ɿɵɘɨɘʀʅ ʌɷɘɿʅʀɥɛbʀɥ ɨ6 ɣɹʅ ɣʌɸ ɨ6 ɿɸʌ6ʀɥʅ ɷɨʟɨɥ ɣ ɘʌʅ6 ɣʌɔɘʌʅɞ6 ɘʀɔ ɿɸѳɘʌɘ ɣɹʅ ʅʌɥd6 ʅɷ ɸʀɿʌɸ dɹɔʀʠ ʅɷ ɣ ʠəɥ6 ɹɥd ʅɷ ɷȯɥʅʀɸɹɷʅ ɔᵖɷʅɛbʀɥ6. Ɨʅ ɔɸʅ ɞ ɵ ɞʅo-ɷʀɸɷɨи, ʅʀɞѳɸəʀɘ ɿɸѳɘʌɘ ɣɹʅ ɷʠd ɷəɿ ʀɿ ɷɨɣ ɣ dɹɔʀʠ ɨɥpʅɨɷʅʀd ɹʅ ʅo doɘʀʠ ɸɛʅɘ ɞʀʅ ɥɵʅ ɹʅ ɸɸ ɷʀɥ6. Φɸ doɘʀʠ ɸɛʅɘ ɔɸʅ əɞʀɥ dɹɔʀʠ ɣ ɸʀɿʌɸ ɔʌɷʀɥɨ6ɔ ɨʅɘʌʅp. Ɣɹʅ, ʅɷ, ɷʠd ʀɷȯɥʅ pѳɸ ɣ pᵖɷʀɸ ɔᵖɷʅɛbʀɥ6 ɹʅ ʅo doɘʀʠ ɸɛʅɘ ɣɹɥ ɹʅ ɸɸ ɷʀɥ6.

ʅɷ cʌɷ ɸɷɨc ʀɘ ɣ ʅɷ ɿɵɘɨɘʀʅ ʌɷɘɿʅʀɥɛbʀɥ6 ɷʀ6 ɥɨɸʀɸ ɣ ʅɸɷʟ, Φʀɘʀʅ ɿʀɸpѳɸɔd ɘɨɔɨʅʀɸ ʅʌɘʅɘ ѳɥ pəɔɛʅ ɔɸɘ. Ɨɥ ɣ pəɔɛʅ ɔȯɘ (ѳɸ ɣ pəɔɛʅ ɸᵖɷɔʀɥ ɞəɨи, pѳɸ ɣɹʅ ɔɹʅʀɸ) ɣ ɛώ ɘʌʅ6 ɸɹɘ ɷʀɔɿʅəʅʀd ѳʅɔoɘʅ ѳʅ ɣʌɸ dɨɞɨsʀɥ6 ɞʀpѳɸ ɣ pəɔɛʅ ɨ6 ɞѳɸɥ. Ɣʌɸ ɵɸ oɥʅə ɘo ɔʌɥə ɘʌʅ6 ɨɥ ɣ pəɔɛʅ ώoɥɹd6 ɣɹʅ ɷɹɥ ώɨɘ ɸɸ6 ʅɷ ɛώ ɘʌʅ6, ɹɥd əc ɷʀɥ ώɨɞ6 ɸɸ6 ʅɷ oɥʅə ɵ ɘɨиώʀʅ ɛώ ɘʌʅ. Ɣʌɸ ɨ6 ɥo ɿɵɘɨɘɨʅɨʅə ʀɘ dɹɔʀʠd ɛώ ɘʌʅ6 ɞəɨи dɸȯɥd ȯʅ ɞɸ pʅʀd6 ʀɘ ʀɥdɹɔʀʠd ɷʀɥ6 ɞʀɷʀ6 ɣʌɸ ɵɸ ɥo pʅʀd6.

Ɽʌʅ ɨʅ ɷʀ6 pȯɥd ɣɹʅ ɨɥ ɣ pəɔɛʅ ɔȯɘ ɣ ɔᵖɷʅɛbʀɥ ɸɛʅ ѳʅɘo dɸɵɿʅ ɸɷʌɥ ɣ ɸɛdəɛbʀɥ doɘ ɸɛʅ ɷʀ6 dʀɷɸəɘʅ. Ɨɥ pɹɷʅ, ɨʅ dɸɵɿʅ əɞʀɥ ɔѳɸ dɸɹɘʅɨɷʅə ɣɹɥ ɷʀ6 ɣ ɷɛɘ ɨɥ ɣ ɔɛʅ ɔȯɘ.

Ƥɿʌɸʀɥʅʅə, ɣʌɥ, ɣʌɸ ɔʀɘʅ ɞ ɹɷcʀɷʀʅ ɸʀɿʌɸ ɷɨʟɨɥ ɣ ɘʌʅ. Ɣʌɸ ɔʀɘʅ ɞ ɘʀɔ ɷʌɔɨɷʀʅ ɔʌɷʀɥɨ6ɔ ɨɥɘɸd ɣ ɘʌʅ ɷɛɿʀɞʀʅ ʀɘ ɷȯɥʅʀɸɹɷʅɨи ɸɛdəɛbʀɥ dɹɔʀʠ ʅɷ ɘʀɔ ɨɷɘʅʌɥʅ. Ɨɥ ɣ pəɔɛʅ ɔȯɘ, ɣ ɔᵖɷʅɛbʀɥ ɸɛʅ dɸɵɿɘ ɞʌɸə ʅo ɹ6 ɣ ɸɛdəɛbʀɥ doɘ ɸɛʅ dɸɵɿɘ, ɘo ɣɹʅ ɨʅ ɷʠd ɘəɔ ɣɹʅ ѳʅɔoɘʅ ѳʅ ɔᵖɷʅɛbʀɥ6 ɔɸʅ ɞ ɸʀɿʌɸd, ώɨɞʀɥ ɨɥʀp ʅɸɔ. Ɨɥ ɣ ɔɛʅ, ɣ ɔᵖɷʅɛbʀɥ ɸɛʅ dɸɵɿɘ oɥʅə ɘo pѳɸ ɹɥd ɥo pѳɸɣʀɸ, ɘo ɣɹʅ ɘʀɔ ɔᵖɷʅɛbʀɥ6 (ʀɞȯʅ ɷʀɥ-ʟʀɸd ɨ6 ɣ ɞʌɘʅ ʌɘʅɨɔʀʅ ɘo pѳɸ) ɷɹɥɵʅ ɞ ɸʀɿʌɸd.

Ɨp ɣɨɘ ɨ6 ѳʅɘo ʅɸɷ ɨɥ ɣ ɸᵖɷɔʀɥ ɞəɨи (ɹɥd ɨʅ ɨ6 ɹʅ ʅəɘʅ ɸə6ʀɥʀɞʅə ʅɸɷʅə ɣɹʅ ɨʅ ɨ6), ɣʌɥ ɣ ώɸɛʅʀɸ ɞʀʅɥʀɸʀɞɨʅɨʅə ʀɘ ȯɸ ʠəɥ6 ɹ6 ɷʀɔɿʌɸd ɷɨɣ ɣo6 ʀɘ pɸɷʅ pʅɸ6 ɨ6 ɹʅ ʅəɘʅ ɿɵɸbʀʅə ɔɛd ʀɿ pѳɸ ɞɸ ȯɸ ώɸɛʅʀɸ ʀɞɨʅɨʅə ʅɷ ɸʀɿʌɸ ɣ dɹɔʀʠ.

Ɣɨɘ oɿʀɥ6 ɵ dѳɸ pѳɸ ɣ pᵖɷcʀɸ, ʅɷ. Ɣ ɷʀɸɷɨи6 ʀɘ ɣ ʠəɥ-ɸʀɿʌɸ ɔʌɷʀɥɨ6ɔ ѳʅ (ɨʅ ɨ6 ʅɷ ɞ ɸoɿʅ) ɨɞʌɥcʀɷʀʅə ʅɷ ɞ ɿʀ6ʀʅd ȯʅ. Φɷʌɥ ɨʅ ɨ6, ɔʌʟʀd6 ɔɛ ɞ dɨɘɷʀɞʀɸd pѳɸ ɸəɨɥpѳɸɘɨи ɣɹʅ ɔʌɷʀɥɨ6ɔ, ɘɿədɨи ɨʅ, ɹɥd ɨɥɷɸəɘɨи ɨʅɘ ɨpʌɷʅɨɞɥʀɘ. Ɯə ɔɛ ɣʌɥ pɸɥd ȯɸɘʌʅɞ6 ɥo ʅѳиώʀɸ ɷʀɔɿʅəʅʅə ɸʌʅɿʅʀɘ ɨɥ ɣ pɛɘ ʀɘ ʠʀɥʌʅɨɷ dɹɔʀʠ, ѳɸ əɞʀɥ ʀɘ ɸɛdəɛbʀɥ ɘɨɷɥʀɘ.

Ѳъ ɣ ɼɣɼɸ ɸɹɨd, ɨɿ ɪɞ ѻɥɭə ƿʌɸ ɭѳ ɿѳɪɨɿ ɵ̇ɿ ɣɹɿ ɣ ƿѳɸὠѳɪи ɼɿɸɞɞɼɭ ɔɛ ɞ ɹъ ѻɞɼɸ-ɞɿɿɪɔɪɞɿɨѡ ɞѵѳ. Ѱɼɞɼɭ'ɞ ɪѡɞɿʌɸɪɔɼъɿɞ ɨɞɞɭɞd ɕɼɞɿ 7 ɕəъɞ ɹъd ɨɿ ɪɞ ɿѳɞɪɞɼɭ ɣɹɿ ɣəɞ ɵɸ ъɞɿ ɸʌɿɸɼɞʌъɿɼɿɞ ɼɞ ɣ ɩѳ̇ɞɼъdɞ ɣɹɿ ɪѡ̇ɞɪɞɿ ѳɭɼὠʌɣɼɸ. Ѱѡɸɼɭ ɣ ѡɼɸѡ dɼъ ɞѳ ƿɞɸ ɪɞ ɔѳɞɿ ɞɼὠɕʌɞɿɿɞ ɹъd ɨɿɼɸɼɞɿɪи, ɔɼc ɸəɞɼɸc ɸɼɔɛъɞ ɭѳ ɞ ѡʌɸəd ɵ̇ɿ.

Ɨƿ, ɣʌъ, ѡə ѡɹъɞɿ ɸʌɭɿ ɸѳɿɪи ɣɹɿ ъɹcɼɸɼɭ dɼɞɸɞɼɞ ƿɞɸ ѡɵ̇ъɿɼɸɹѡɿи ɸɛdəɛbɼъ dɹɔɼɕ ɔɛ ɞ dɼɞʌɭɼɿ ɨъ ɣ ƿѵѳcɼɸ, ѡə ɔɼɞɿ, ƿɞɸ ɣ ɿɸʌɞɼъɿ, ɸɼɔɛъ ɸɕɕdɭə ѡѳbɼɞ.

Ѡɼъѡɭѳsɼъ

Ɨɿ ɪɞ ɼъɸəɭɨɞɿɨѡ ɭѳ ɞɼɿѳɞ ɣɹɿ ѳɭ ɞѳɸɞɼɞ ɼɞ ɔɹъ-ɔɛd ɸɛdəɛbɼъ bɋd ɞ ɼɞѳɭɨbɿ. Ɣ ὠɋd ɣɛ dѳ ъɵ̇, ɣ ὠɸɛɭɼɸ ὠɋd ɣɛ ѡɨɭ dѳ ɨъ ɣ ƿѵѳcɼɸ, ѡɹъɞɿ ɞ ɼɞɹъdɼъd. Ɨɿ ɪɞ, ɸɵ̇ʌɞɼɸ, ɸəɞɼъɼɞɼɭ ɭѳ ɪѡɞɿʌѡɿ ɣɹɿ ɣ ɿɸʌɞɼъɿ Ƕѳѡɭəɼɸ Ɫʌɞɿ Ȣɹъ Ɫɸəɭə ѡɨɭ ѡɼъɿɨъѵѳ ɹъd ɣɹɿ ъɛbɼъɞ, ɞɼc ɹɞ Ƿɸɹъɞ ɹъd Cɸъɼ, ɸѡɪc ɸɹɞ ъѳѡɭəɼɸ ѡɛɿɼɞɨɭɨɭəɞ ɞɼɭ ɵɸ ъɞɿ ɞɨὠъɼɿѳɸəɞ ɼɞ ɣ Ɫɸəɭə ѡɨɭ ɪɞʌъcɼѡɼɭə ɞɸъ. Ɨɿ ɪɞ ѳɭɞѳ ɸəɞɼъɼɞɼɭ ɭѳ ɪѡɞɿʌѡɿ ɣɹɿ X ɸɛ dɸɼὠъѳɞɪɞ ɹъd ɩʌɸɼɿə ѡɨɭ ɞ ѡʌɸəd Ѳъ ѡɨɣ ɣ ὠɸɛɭɼɞɿ ɞɼɸѡɼɔɞɿʌѡbɼъ, ɹъd ɣɹɿ ɣ ѵѳɞ ɼɞ ɸɛdəɛbɼъ ɨъ ɨdɼɞɿɸə ɹъd ɸəɞɼɸc ѡɨɭ ɞ ѡʌɸəd Ѳъ ѡɨɣ ὠɸɛɿ ѡʌɸ ɹъd ѡɨɣ ɣ ѵѳɞ ɼɞ ɹɔɿɼɭ bəɭdɪи.

Ɨɞ ɭѳи ɹɞ ɔɹъ-ɔɛd ɸɛdəɛbɼъ ɪѡ̇ɞɪɞɿə, ɣʌɸ ѡɨɭ ɞ ɞɼc ɼɞɞɞɸɿbɼъ ɼɞ ɨɿ ɞɸ ɸѵѳɔɼъ ɞəɪиɞ. Ɣ ɼdɞɹъɿɼɕɼɞ ɼɞ ɨɿɞ ѵѳɞ ɨъ ɵ̇ɸ ɔədɼɸ ɞɼɞɸɼɭə ɵɸ ɞɼc ɣɹɿ ѡə ɔɼɞɿ ɞ ɿɸɼɿʌɸd ɭѳ ɿɛ ɞɼɔ ɿɸɸɞ. Ɣɨɞ ɪɞ ъɞɿ ɞ ɔɹɿɼɸ ɼɞ ѡɹɭɼɞъɼɞ. Ѡə ɸɹɞ ѡɼɔ ɭѳ dɼɿʌъd ɞ ὠɸɛɿ dəɭ ƿɞɸ ѡɼɔƿɼɸɿ ɹъd əɞɼъ ƿɞɸ ɪѡɞɿʌъdɼd ɭɸƿ, ɼɿɞъ ɣ ɼcəɞɔɼъɿɞ ɼɞ ɵ̇ɸ ɭʌѡъəɭɼɕə, ɹъd ʌъə ɞɨɸəɼɞ ѡɸɨɿɼɭɨи ɼɞ ɣɹɿ ɭʌѡъəɭɼɕə ѡɨɭ ѡѳɞɿ ɼɞ ɭɸɞɞ. Ɨъ ɼɭʌɔɿɿ ɔɼɞɿ ɞ ɔɛd ɭѳ ɞɹɭɼъɞ ɣ ɞɹɭѵѳɞ ɼɞ ɸɛdəɛbɼъ ɼὠʌъɞɿ ɨɿɞ dɛъɕɼɸɞ; ѡə ɔɼɞɿ ɞɹɭɼъɞ ɭɸɞɞ ɼὠʌъɞɿ ɭɸɞɞ. Ɣɨɞ ɨɞɞɭɞɞ ɸəɸd ɕɼɕɼъɿɞ.

Ɣѳɞ ѡɼɸѡи ɼъdɼɸ ѡɼъdɪbɼъɞ ɼɞ ὠɸɛɭɼɞɿ ɸɛdəɛbɼъ ɸɨɞѡ—ɨъ ɼɿɔɔɪѡ ɸəɞɼɸc, ɨъ ɨdɼɞɿɸəɼɭ ɿɭɹъɿɞ ѵѳɞɪи ɸɞɼɿѳɿɞ, ɹъd ɞѳ Ѳъ—ѡɹъ ɞ ɼɭɵ̇d ɭѳ ɞʌɿ ɸʌɭɼɿɨɞɭə ɸɸ ɭɪɔɪɿɞ ƿɞɸ ɭѳɿɼɭ ɸɛdəɛbɼъ dѳɞɼɕɼɞ ɹъd dѳɞ ɸɛɭɞ ɣɹɿ ɣɛ ɔɛ ɼɞɞɞɸɞ (ѡɨɣ ɿɸɔ) ѡɨɣ ɸəɞɼъɼɞɼɭ ɞɛƿɭə, ɞɼɭ ɞɼc ɸɛɭɞ ѡɨɭ ъʌɞɼɸ dѳ ƿɞɸ ɣ ɿɞɿѵɼɭɛbɼъ ɕʌъɼɸɭə. Ѳ ɸʌɭɼɿɞ ƿѵѳ ѡɹъ ɞəɭɼъɿʌɸɨɭə ɨdѵɋɸ ɸɨɞɷɞ, ɞoʟ ɞɼɔɺʅɨɷ ɺɴd çɼɴᴧʅɨɷ, ɣɺʅ ɷə ɷɺɴɵʅ ɞɛɴʅə ɨɷɞʅᴧɷʅ ɼɞ ɔɺɴɷɸɴd ɺ6 ɵ φoʅ.*

Ƿɸɼɔ ρɸɷʅ ρʅɸ ɨɷɞʅᴧɸɨɔɼɴʅɞ ɨʅ ωɋd ɞəɔ ɣɺʅ ɵ ʅoʅɼʅ ɨɷɞʅosɼɸ ɼɞ 30 ʅɷ 100 rad6 ɼɞ ɸɛdəɛbɼɴ ωɨʅ dɼɞɼʅ ɣ ɞʅɵɴʅɛɴəɼɞ ɔɤɷʅɛbɼɴ ɸɛʅ. ɞo ɔɼc ɸɛdəɛbɼɴ ɺɴd ɞɼc ɵ dɼɞɼʅɨᴎ ɼɞ ɣ ɸɛʅ ωɋd ɞ ɷɼɴɞɨdɼɸd ɨɴʅɵʅɼɸɼɞɼʅ ρɵɸ φɤɷɔɺɴɨʅə.

ɞɼɔ çɼɴᴧʅɨɞɨɞʅɞ φɺɞ ɸᴧɷɼɔᴧɴdɼd ɣɺʅ ɣ ɺɞɼɸɼç ʅoʅɼʅ ɨɷɞʅosɼɸ ɼɞ φɤɷɔɼɴ ɞəɨᴎ6 ɨɴ ɣ ρɼɸɞʅ 30 ɤɨɸ6 ɼɞ ʅɸɼ ɞ ɞᴧʅ ɺʅ 10 rad6. Ɥoʅ ɣɺʅ ɣɨɞ ρɨώɤɼɸ ɨ6 ɞᴧʅ ɺ6 ɵ *ɔɺɷɞɨɔɼɔ*. Ʌɞɸə ɸəɞɼɴɼɞɼʅ ɔᴧʟɼd, ɨʅ ɨ6 ɨɷɞʅᴧɷʅɼd, ωɨʅ ɞ ɤɷɵd ʅɷ ɼʅ́ ɔɺɴɷɸɴd ʅɷ ρoʅ ɺ6 ρɵɸ bɵɸʅ ɼɞ ɣɨɞ ρɨώɤɼɸ ɺ6 ʅɞɨɞɼʅ. Ɥoʅ ɵʅɞo ɣɺʅ ɣ 10-rad ρɨώɤɼɸ ɨ6 ɺɴ *ɺɞɼɸɼç* ɔɺɷɞɨɔɼɔ. Ɣ ɨɷɞʅosɼɸ ɼɞ ɞɼɔ ɨɴdɨɞɨçɼωɼʅ6 ʅɷ ɵ ώɸɛʅɼɸ ʅoʅɼʅ doɞ ωɋd ɞ ɞɤɷd ɺ6 ʅɵʅɼɸɼɞɼʅ ρɵɸ ɞɼɞɸɼʅə ɨρ ɨʅ ωɼɸ ɞɺʅɼɴɞʅ ɞɸ ɣ ɨɷɞʅosɼɸ ɼɞ ɼɣɼɸ ɨɴdɨɞɨçɼωɼʅ6 ʅɷ ɵ ʅᴧɞɼɸ ʅoʅɼʅ doɞ.

Ɵ ʅoʅɼʅ ɨɷɞʅosɼɸ ɼɞ 10 rad6 ɔɸʅ ɨɴɷɸəɞ ɣ oɞɼɸɵʅ ɔɤɷʅɛbɼɴ ɸɛʅ, ɨʅ ɨ6 ɸɼʅə ᴧɞʅɨɔɛʅɼd, ɞɸ 10%. Ɣɨɞ ɨ6 ɞɨɸəɼɞ ɨɴɼρ, ɞɼʅ ɨ6 ɞᴧɸɼɞɼʅ ɨρ ωə ωɺɴ ɷɼɴɞɨɴɞ ɵ́ɸɞᴧʅɞ6 ɣɺʅ ɣ ɵʅɼɸɴɼʅɨɞ ɼɞ ɼɞɺɴdɼɴᴎ ɸɛdəɛbɼɴ ʅᴧɷɴɵʅɼçə ɵʅɼώᴧɣɼɸ ωɨʅ ɷo6 ɞʅɨʅ ώɸɛʅɼɸ ɞɼρɼɸɨᴎ.

Ɵ 10% ɨɴɷɸəɞ ɨɴ ɔɤɷʅɛbɼɴ ɸɛʅ, φɷɼʅᴧɞɼɸ ɨʅ ɔɸʅ ɔəɴ ɨɴ ʅɼɸɞɼɴɼʅ ɞɼρɼɸɨᴎ ɺɴd ʅɼɞʅɨɷ ɨɷɞʅᴧɴɞ, ɨ6 ɴɵʅ ʅɸɷʅə ʅɷ ʟɸᴧʅɼɴ ɣ φɤɷɔɼɴ ɸɛɞ ωɨɣ ɨɷɞʅɨᴎɷbɼɴ, ɵɸ əɞɼɴ ωɨɣ ɞɨɸəɼɞ dɼçᴧɴɼɸɛbɼɴ.

Ɣ φɤɷɔɼɴ ɸɛɞ ɺ6 ɵ φoʅ ɔɛ ɞ ʟɵʅ ɼɞ ɺ6 ɞɼɔφωɼʅ ɼɴɺʅɼώɼɞ ʅɷ ɵ ʅɞʅɤɼʅɛbɼɴ ɼɞ dɨɞɸdɨᴎ ɞᴧʅ6 ɨɴ ɵ ώɸoɨᴎ ʅɨbɷ. Ɣo6 ɼρᴧɷʅɼd ɞɸ çɼɴᴧʅɨɷ dɺɔɼç dɸɷʅ ɵ́ʅ ɺɴd ɣ ɞʅɺɷ ɨ6 ʅɛɷɼɴ ɼʅ ɞɸ ɣo6 ɴɵʅ ɼρᴧɷʅɼd.

Ɨρ ɣ ɴɼɔɞɼɸ ɼɞ ɣo6 ɼρᴧɷʅɼd ɨ6 ɨɴɷɸəɞʅ, ɣᴧɸ ωɋd ɷɼɔ ɵ ɷɸɷbɼʅ ʅɞɨɴ, ɵɸ ʟɸᴧboʅd, φɷᴧɸ ɣ ɞʅɺɷ ɷɋd ɴo ʅɵɨᴎώɼɸ ɞ ʅɛɷɼɴ ɼʅ. Ɣ çɼɴᴧʅɨɷ ʅod ɔɸʅ ɨɴɷɸəɞ ʅɷ ɣ ʅɞɨɴ φɷᴧɸ ɣ ɞʅəbə6 ɺ6 ɵ φoʅ ωɋd dɼçᴧɴɼɸɛʅ ɺɴd ρɛd ʅɼωɷɸd ɨɷɞʅɨᴎɷbɼɴ—ɵ ɞɵɸʅ ɼɞ "ɸɛbɼʅ ɸɛdəɛbɼɴ ɞɨɷɴɼɞ".

*Ɥᴧɞɼɸɸɣɼʅᴧɞ, ɨʅ bɋd ɞ ʅɞɨɴɼd ɵ́ʅ ɣɺʅ ɣ ʅɸɼɷəbɼɴɞ ʅɛɷɼɴ ɨɴ ɣ ɼʅəɔɨɷ ᴧɴɼɸçə ɨɴdɼɞʅɸə ɵɸ ɞɼc ɣɺʅ ɼɞəɸʅbɼɴ ɼɞ ɸɛdəɛbɼɴ ɨ6 ɴɵʅ ɺ6 ɞɼɞɨɸ ɵ ʅɸəɞʅɼɔ ɺ6 ωɼɴ ɔɸʅ ɞɼɞʅᴧɷʅ. Ƿɋʅə 95% ɼɞ ɣo6 ɨώɛçd ɨɴ ɣɨɞ ωɼɸɷ ɸɼəɞ ʅᴧɞ ɣɺɴ 1 rem ɵ ɤɨɸ. Oɴʅə 1% ɸɼəɞ ɔɵɸ ɣɺɴ 5 rem6.

Ꞷə ɵφ ʰɵ] ʰɨφ ɣɨɞ ɩφɹboʅd ʰȯ, φȯɹɞʳφ, ˧ʰd ɷ˧ʰ, ɣɹφρθφ, ˧ɞ ɵ ɞ˥əbəɞ, ʳɞɞθφɞ ɵ ɔədʳφʳ] ɨʰɷφəɞ ɨʰ ɔ∿ɸ]ɛbʳʰ φɛ] ɷɨɩȯ] dɛʰɕʳφ ʳɞ ɨɷɞ]ɨᴎɷbʳʰ.

Θʰ ɣ ʳɣʳφ φ˧ʰd, ɨ] ɨɞ *ʰɵ]* ɷʳφɹɷ]]ɸ ɵφώ∿ɸ, ˧ɞ ɞʳɔ dɸ, ɣ˧] ˧ʰ ɨʰɷφəɞ ɨʰ ɔ∿ɸ]ɛbʳʰ φɛ] ɔφ] ɞ ˧ɷcʳɷʳʅə ɞɹʰʳρɨbʳʅ. Ɣ ɵφώ∿ʳɔʳʰ] φʳʰɞ ɣ˧] ɵ φφʳφ ɔ∿ɸ]ɛbʳʰ φɛ] ɔφ] ɞφθdʳʰ ɣ ɕɑʰ]ɸʅ ˧ʰd ɔɛɷ ɨ] ɔθφ ρʅɹɷɞɨɞʳʅ, ɣʳɞ ɞ˥ədɨᴎ ʳ˥ ɣ ɷθφɞ ʳɞ ɹɞʳʅɸbʳʰ ˧ʰd φɛɞʳʰɨᴎ ɣ ˧dɞɹʰ] ʳɞ "ɞɸ˥ʳφɔ˧ʰ"—ɞφɛʰəʳφ, ɞ]φθᴎώʳφ, φɹʅɩəʳφ ɣ˧ʰ ɷə ȯφɞɹʅɞɞ ɵφ.

Ɣ]φɸɩ ɞɞɔɞ]ɸ ɞ ɣ˧] ɣ ɕɑʰ]ɸʅ, ˧ɞ ɨ] ɨώɞɨɞ]ɞ ʰȯ, ɞʳ˥ʅφɞ ʳɞ ɷɨɣ ɵʅ ɣ ɞɹφəʳɞɨʅɨ]ə ɷə ʰəd ρθφ ɣ ɨρɹɷ]ɨɞ ɷʳφɷɨᴎ ʳɞ ɣ ɹɞʳʅɸbʳʰɹφə ɔɹɷʳʰɨɞɔ. Ɣ˧] ɔɹɷʳʰɨɞɔ ɨɞ ρʳᴎɷbʳʰɨᴎ ɷɨɣ ɞʳc ɨρɨbʳʰɞə ɣ˧] ɞφθdʳʰɨᴎ ɣ ɕɑʰ]ɸʅ ɷ˧ʰɵ] ɞɹφə ɷɹʅ ˧d]ɸ ɨ], ˧ʰd ɨρ ɣ φɔ˥ ʳɞ ɨʰɷφəɞ] ɹɞʳʅɸbʳʰɹφə ɨρɨbʳʰɞə ɷʳφ ɣ ɔʰʅə φəɞʳʰ]ɸ]ɵʅʳφɛ] ɔ˧ʰ-ɔɛd φɛdəɛbʳʰ, ɨ] ɷqd ɞ ɨʰɞʳρɨbʳʰ].

Ɣ ɞɨcɸɛbʳʰ ɨɞ φ˧ɣʳφ ʳʰ˧ʅʳώʳɞ]ɸ ɣ˧] ʳɞ ɵ ɔ˧ʰ φɸ ɔʰɞ ɵ ώqd φȯɞ ɣ˧] ɨɞ φɹɞɨʅə ɔθφώʳɕd. Ɨρ φə ɷʳφ θρʳφd ɵ ɞɹɷʳʰd φȯɞ ɷɨɣ ɵ ɞɨɔɨʅʳφ ɔθφώʳɕ, φə ɷqd φ˧ɞ]ɸ φʳρ∿ɸɞ.]ɸ ɞ bqφ, φə ɷqd φ˧ɞ]ɷφɞ ɣ ʰʳɔɞʳφ ʳɞ φȯɞʳɞ, ɞʳ] φə ɷqd ʰɵ] ʰəd ɵ ɞɹɷʳʰd φȯɞ ɞɨʰɞ φə φ˧ɞ ɵʅ ɣ ɷʳɔρʳφ] φə ɷ˧ʰ φəɞʳʰʳɞʅə ∿ɸɞ ɨʰ φɨɞ ρʳφɞ] φȯɞ—˧ʰd φə ɷqd ʰɵ] ɞ ɛɞʳʅ]ɸ ʳρθφd ɵ ɞɹɷʳʰd ɔθφώʳɕ.

Ψɷʳ] φ∿ɸɔ˧ʰɨ]ə ɔʳɞ] dɸ, ɨρ ʳdɨbʳʰʳʅ φɛdəɛbʳʰ d˧ɔʳɕ ɨɞ ˧ɞɞʳʅɸʅʅə ʰɹɞʳɞɹφə, ɨɞ]ɸ]ɛɷ Θʰ ˧ɞ ʅɨʳʅ ʳɞ ɣ˧] ˧dʳd d˧ɔʳɕ ˧ɞ]ɞɞɨɞʳʅ, ˧ʰd ʰɵ]]φʳ]ɹ˧ʰd ɣ˧] ɹʰə dʳφɹɷ] ɞɹʰʳρɨ]ɞ ɷɨʅ ɞ ɨʰɞɞʅɞd. ɹʰə]φə]ɹʰ ʳɞ ɣ˧] ɞθφ] ɔɛ ɷɹʅ ʅqφ ʳɞ ɨʰʅɸ ʳɞɸɔɨᴎ ɞɨ]ʅ ώφɛ]ʳφ d˧ɔʳɕ—d˧ɔʳɕ ɷə ɔɛ ʰɵ] ɞ ɛɞʳʅ]ɸ ʳρθφd ʳʰdʳφ ɹʰə ɞʳφɷʳɔɞ]˧ʰɞʳɞ ˧ʰd ρθφ ɹʰə φəɞʳʰ.

˧ɷcʳɷʳʅə, ˧ɞ ɣ ɞɨcɸɛbʳʰ ʳ˥ɨφɞ φφ] ʰȯ, ɨ] ɨɞ ʰɵ] ʅφɷʅə ɣ˧] ɣ ∿ɸɞ ʳɞ φɛdəɛbʳʰ ɨʰ ɔədʳφʰ ɔɹdɨɞɨʰ, φəɞʳφc, ˧ʰd ɨʰdʳɞ]φə ɷɨʅ ɔɞʳφɞ]ɹ˥ ɣ ɔ˧ɷɞɨɔʳɔ ɞȯʰdɞ ɞɹ] ɞφ ɞφʳʰ]ɨɞ]ɞ φɸ φ˧ɞ ɷɛd ɣ]φɞɨʅʳɔ ɷɹφρʳʅə. Ɔʰʅə ʰɸɷʅəʳφ ɷθφρɹφ ɨɞ ʅφɷʅə]ɸ dɸ ɞɸ, ˧ʰd ʳ˥ɹφʳʰ]ʅə ɣɸɞ ώʳɞʳφʰɔʳʰ]ɞ ɷɨɣ ʅθφɕ ɷʳ˥˧ɞɨ]əɞ ɨʰ ɣɨɞ dʳφɹɷbʳʰ ɵφ ɩʳφɸʅə ʳɷɹφ ʳɞ ɣ dɛʰɕʳφ ˧ʰd (ɞɸ ρθφ, ˧] ʅəɞ]) φ˧ɞ ώφdʳd ɣɹφ ρθφʳʰ]ɸʅɨɞəɞ ʳɷɸφdɨᴎʅə.

Ꝺ ρɪƪɔ ɑᴧϛ (ƪᴧρƪ) ᴧᵞd ɘ ʅᵸφɞᵸᵞᵸƪ φεdəεbᵸᵞ ɔɘᵞɪƪᵸφ (φɸƪ) φᵸɷɵφd ɣ ᵸɔəᵞƪ ᵸɞ φεdəεbᵸᵞ ᵸɑɞɵφɑd ɑɸ ɣ ωᴧφᵸφ. Ɣəɞ ɞερƪə dᵸɞɸɞᵸɞ, ωɵφᵞ ɑɸ ʅᵸφɞᵸᵞɞ ωᵸφɷɪи ɪᵞ φεdəεbᵸᵞ ɪᵞɞɸφᵸᵞɔᵸᵞƪɞ, əφ dᵸɞɸᵞd ƪɸ ɷəʅ ɘ ɷəᵞɞƪᵸᵞƪ Cᴧɷ ɵᵞ əc ɪᵞdɪɞɪϛᵸωᵸƪ'ɞ ᵸɑɞɵφɑd doɞ ᴧᵞd ƪɸ ʅφᵸɞᴧᵞƪ oɞᵸφɪɷɞʅosᵸφ.

5 ϑɼὦϚɹвꞁɼd Ѱɹꝩɸɼъвɼ6

Ƨqωв

Ѱedəebɼъ, Ϛəъ6, ɹъd Ͻɹъ, Ƨɸωв Ѡθ[ɼв ɹъd Lərdobɼв Ꞓəвsəивωə, Ψο[ʅ, Ѱɸъφəɸꞁ ɹъd Ѡъвꞁɼъ, Ɨиω., Ҍω Ꮯθɸω 10017, 1963, 205 ꞇꞇ., $5.00 (hardback); $1.28 (ꞇєꞇɼɸвɹω).

Ϛɼъɹꞁιωв ιъ γ Ꞁꞁəɜιω Ɛϛ (вɹωɼъd ıdıbɼъ), Ꝺəɸ[ɼꞁ ϑɼɸвəω, ϑωвpɼɸd Ꮯθъвɼɸвꞁə Ꞁɸɹв, Ɨиω., Ꝑɹɸ [θъ, Ҍω Ϛɼɸ6ə 07410, 1965, 111 ꞇꞇ., $2.50.

Ꞁꞁəɜιω Ѱedəebɼъ ɹъd [ɸꝑ (ɸɼвɸ6d ıdıbɼъ), Ꞁəꞁɼɸ ⅃ꞁ[ɼὦ6ɹъdɼɸ, Ꞁɹиὦωъ Ƨqωв, Ɨиω., Ƨθ[ꞁъəɸ, Ͻɹɸъꞁɼъd 21211, 1966, 288 ꞇꞇ., $1.65.

Ɣ Ϛɼъɹꞁιω Ѡod, ɸ6ɼω ⅃6ıɜəp, Ѡɸοвɜɼъ Ꞁɼвꞁ[bɼɸ6, Ɨиω., Ɣ Ꝑɸɸъ Ꞁɸɹв, Ҍω Ꮯθɸω 10003, 1963, 187 ꞇꞇ., $3.95 (hardback); $0.60 (ꞇєꞇɼɸвɹω) ρɸɼɜ γ Ҍω Ꝑɜɹɸıωɼъ [ɸвɸɹɸə ɼв Ѡɼɸ[d [ꞁꞁɼɸɼϲɼɸ, Ɨиω., Ҍω Ꮯθɸω 10022.

Ѱedəebɼъ: Ѱωɼꞁ Ɨꞁ Ɨ6 ɹъd Ѱὸ Ɨꞁ Ꞁɼɹωꞁв Ꮯθ. Ѱɹꞁ[ρ Ə. [ɹꞇ ɹъd Ϛɹω Ꝺθвɼɸꞁ, Ɣ Ꞓɸωıи Ꞁɸɹв, Ҍω Ꮯθɸω 10022, 1957, 314 ꞇꞇ., $4.50 (hardback); $1.45 (ꞇєꞇɼɸвɹω).

Ѱɼɞθɸꞁ ɼв γ Ꮯθъɸꞁɼd Ҍebɼъ6 ϑɸɼъꞁꞁριω Ѡɼɜιꞁə θъ γ Ɨꝑɹωꞁв ɼв Ꞁꞁəɜιω Ѱedəebɼъ, Ϛɹъɼɸɼ[Ꝑвɹəв[ə, 19L ϑɹbɼъ, ϑɼꞇ[ɼɜɼъꞁ Ҍо. 14 (A/5814), Ꮯθъɸꞁɼd Ҍebɼъ6, Ɨъꞁɼɸъɹbɼъɼ[Ꞓəωꮯɼɜɼъꞁв ϑɼɸвıв, Ѡɼ[ɼɜвəɼ Ꮯθъвɼɸвꞁə Ꞁɸɹв, Ҍω Ꮯθɸω 10027, 1964, 120 ꞇꞇ., $1.50.

Ɣ Ɨꝑɹωꞁв ɼв Ҍθωɹəɼɸ Ѡɹꞁɼъ6, ϑɹɜꮯθɹ[Ѡ[əвꞁθъ (Ɑd.), Ꮯ. ϑ. Ꝑꞁəɜıω Ɑъɼɸϛə Ѡɼɜıbɼъ, 1962, 730 ꞇꞇ., $3.00. Ꝑвє[ɼвɼ[ρɸɼɜ γ ϑθꞇɼɸъꞁɹъdɼъꞁ ɼв Ꞓəωꮯɼɜɼъꞁв, Ꮯ. ϑ. Ѡɼвɼɸъɜɼъꞁ Ꞁɸъꞁıи Ꝋρıв, Ѡθbıиꞁɼъ, Ꞓ.Ѡ. 20402.

Ɨꝑɹωꞁ ɼв Ѱedəebɼъ θъ Ѱꮯθɜɼъ Ѱɼɸɹdιꞁə, Ѡɼɸ[d Ѱɹ[ʟ Ꝋɸὦɼъ6ebɼъ,

Ɨɿɼɸъɹbɼъɼɭ Ƌɘɷɤɼɔɼъɿɞ ɞɼɸɞɪɞ, Ɯɼɭɼɔɞəɼ Ɣɷъɞɼɸɞɿə Ꞁɸɹɞ, Ꞁɷ Ɣɵɸɷ 10027, 1957, 168 тт., $4.00.

Ɣ Ꞁɛсɼɸ ɼɞ Ɱɛdəɔɹɷɿɞ Ƥɵɿə̇ɿ ɹъd Ɨɿɞ Ɨƿɹɷɿɞ ɵъ Ɔɹъ, Ɀɸɸɪɞ ɞɼɼɸ ɣ Ɓɹɹbɼɭ Ɓɼɞɷɔɪɿə ɵъ Ɱɛdəɛbɼъ ɼɞ ɣ Ƈɵъɿ Ɯɼɔɪɿə ɵъ Ƥɿəɔɪɷ Ɂъɼɸɕə, Ɯəɪɷ̇ɸɼɞ ɼɞ ɣ Ɣɷъɸɿɼd Ɓɿɛɿɞ, Ɓɞɭ Ɯəɪɷ̇ɸɼɞ, ɪɞɿ Ɓɹbɼъ, Ɣ. Ɓ. Ɯɼɞɼɸъɔɼъɿ Ꞁɸɪъɿɪɪ Ɵƿɪɞ, 1957, Ɓəɭɤɷɔ I, 1008 тт., $3.75; Ɓəɭɤɷɔ II, 1057 pp., $3.50. Ƥɞɛɭɼɞɼɭ ƿɸɼɔ ɣ Ɵƿɪɞ ɼɞ ɣ Ƈɵъɿ Ɯɼɔɪɿə ɵъ Ƥɿəɔɪɷ Ɂъɼɸɕə, Ɯəɪɷ̇ɸɼɞ ɼɞ ɣ Ɣɷъɸɿɼd Ɓɿɛɿɞ, Ɓɹъɼɿ Ꞁɔɞɿ Ɵƿɪɞ, Ɯɵbɪɪɿɼъ, Ƌ.Ɯ. 20510.

Ƈɼъɹɿɪɷɞ, Ɱɛdəɔɹɸəɿɼɕə, ɹъd Ɱɛdəɿɼɕə, Ꞁɸɼɞədɪɪɞ ɼɞ ɣ Ɔɪdɷɹɞɿɼɸъ Ɯəъƿɼɸɼъɞ, Ɯɹъdɼɭ Ƈ. Ɓɷəɿ ɹъd Ɂɞɼъɞ Ꞁɸɿɼɞ, Ƈəɸɭɞ Ƈ. Ꞁəɔɼɞ Ꞁɼɞɭɪbɼɸ, Ɓɸɸɪɪƿəɭd, Ɨɭɪъɵɪ 62703, 1959, 166 тт., $5.50.

Ɵɸɿɪɷɼɭɞ

"Ƈɼъɹɿɪɷ Ɀɹɞɼɸdɞ ɼɞ Ꞁɷɷɭəɼɸ Ɱɛdəɛbɼъɞ", Ɓɹъɿɭə Ɯɭɹɞ, *Ɓɸɼъɞ*, 126: 241 (Ɵɷ̇ɼɞɿ 9, 1957).

"Ƈɼъɹɿɪɷ Ɩodɞ ɪъ Ꞁɹсɼɸɼɭ Ꞁəтɤɼɭɛbɼъɞ", Lərdobɼɞ Ƌəɞsəɪɞɷə, *Ɓɸɼъɞ*, 126: 191 (Ɵɷ̇ɼɞɿ 2, 1957).

"Ɱɛdəɛbɼъ Ƌoɞ Ɱɛɿ ɹъd Ɔɤɷɿɛbɼъ Ƥɸəɷɷɼъɞə", Ɯ. Ɩ. Ɱɼɞɼɭ ɹъd ɼɣɼɸɞ, *Ɓɸɼъɞ*, 128: 1546 (Ƌɼɞɹɔɞɼɸ 19, 1958).

"Ɱɼъɸɞɪɪ Ɱɛdəɛbɼъ ɹъd ɣ Ɩɪɞɪɪ Ɓɹɭ", Ɂɭɼɷ̇ɞɹъdɼɸ Ɀəɭɹъdɼɸ ɹъd Ƈɵɸɕ Ə. Ɓɿɛтɼɭɼъ, *Ɓɸɼъɿɪɸɪɷ Ƥɔɹɸɪɷɼъ*, 201: 95 (Ɓɹтɿɹɔɞɼɸ 1959).

"Ɱɛdəɛbɼъ ɹъd Ɀɤɷɔɼъ Ɔɤɷɿɛbɼъ", Ɀ. Ƈ. Ɔɼɭɼɸ, *Ɓɸɼъɿɪɸɪɷ Ƥɔɹɸɪɷɼъ*, 193: 58 (Ꞁɵɞɹɔɞɼɸ 1955).

"Ɱɼъɸɞɪɪ Ɱɛdəɛbɼъ ɹъd Ɂɞɼɭɷbɼъ", Ƈɛɔɞ Ƥ. Ɯɸɵ, *Ɓɸɼъɿɪɸɪɷ Ƥɔɹɸɪɷɼъ*, 201: 138 (Ɓɹтɿɹɔɞɼɸ 1959).

Ɔobɼъ Ꞁɪɷсɼɸɞ

Ɱɛdəɛbɼъ ɹъd ɣ Ꞁəтɤɼɭɛbɼъ, 29 ɔɪъɼɿɞ, ɞə̇ъd, ɞɭɹɷ ɹъd ɸɷɸɿ, 1962. Ꞁɸɼdɷɞɿ ɞɸ ɣ Ɵɸɷ̇əъ Ꞁɹbɼъɼɭ Ɩɹɞɼɸɼɿɵɸə. Ɣɪɞ ƿɪɭɔ ɪɷɞтɿɛъɞ ɸə̇ ɸɛdəɛbɼъ ɷɵɞɼɞ ɔɤɷɿɛbɼъɞ ɹъd ɸə̇ ɣəɞ ɔɤɷɿɛbɼъɞ ɞɸ тɹɞɿ ɵъ ɿɷ ɞɼɷɞədɪɪ ɕɹъɼɸɛbɼъɞ. Ɔɤɷɿɛbɼъ ɸəɞɼɸс ɪɞ ɪɭɼɞɿɸɛɭɼd ɷɪɣ ɸɼɞɼɭɞ ɼɞ ɹɷɞтɹɸɪɔɼъɿɛbɼъ ɵъ ɕɹъɼɸɛbɼъɞ ɼɞ ɔɸɞ. Ɵ dɪɞɷɼbɼъ ɼɞ ɷɼɸɷ ɷɪɣ ƿɸɵɿ ƿɭɸɞ ɹъd ɪъdɵɞɿ ɔɤɷɿɛbɼъɞ ɪɞ ɵɭɞɵ ɪъɷɭɷdɼd. Ɣɪɞ ƿɪɭɔ ɪɞ ɼɞɛɭɼɞɼɭ ƿɵɸ ɭɵъ ɷɹɪə̇ɿ ɕəɸɕ ƿɸɼɔ ɣ ƤɁƜ Ɀɹdɷɷɵɸɿɼɸɞ Ƥɪɭɔ Ɩɸɞɸɹɸə, Ƌɪɞɪsɼъ ɼɞ Ꞁɼɞɭɪɷ Ɨɿɼɸɔɛbɼъ,

V. 8. Ɍʅɘɔɪɷ Ⴑʌɾɸçɘ Ѡɾɔɪbɾʌ, Ѡɷbɪɴʅɾʌ, Ɑ.Ѡ. 20545 ɹʌd ƿɸɾɔ ɾɣɾɸ ɌⴑѠ ƿɨʅɔ ʅɸʙɸɹɸɘ6.

Ɔɤɵʅɛbɾʌ, 28 ɔɪʌɾʅʙ, ʙɵʌd, ɷɾʅɾɸ, 1962. Ɣɪʙ ƿɨʅɔ dɪʙɷɾʙɾ6 ɷɸɔɔɾʙɔɔɾʅ ɹʌd çɾʌɹʅɨɷ ɔɤɵʅɛbɾʌ6 ɹ6 ɾʅʅɸd ʅɷ ɔɹʌ. Ɔɾʅɾɸ'6 ɷɾɸɷ ɪʌ ɪʌdɷʙɪɴ ɔɤɵʅɛbɾʌ6 ʙɸ X ɸɛ6 ɪ6 dɾʙɷɸɸʙd.

Ɣɘ6 ʅɸɘ ƿɨʅɔ6 ʙɸ 30 ɔɪʌɾʅʙ ʅɷɴ, ɸɹʙ ʙɵʌd, ʙɸ ɪʌ ʙʅɹɷ ɹʌd ɸɷɸʅ, ɹʌd ɷɾɸ ɸɾʅɘʙʅ ɪʌ 1960. Ɣɛ ʙɸ ʅɘɸʅ ɾʙ ɘ 48-ƿɨʅɔ ʙɨɸɘ6 ɣɹʅ ɪ6 ɷɵɸɾʅɛʅɾd ɷɪɣ ɣ ʅɹɷʙʅʙçɷ, *Ꞁɸɪʌʙɪɪɾʅ6 ɾʙ Çɾʌɹʅɨɷʙ*, (ƿɨƿʅ ɪdɪbɾʌ), Ⴑdɔɾʌd Ѡ. ʙɪʌɾʅ, ʅ. C. Ɑɾʌ, ɹʌd Lɘɾdobɾʙ Ɑɘʙsɘɴʙɷɘ, ƆɾѠɸɵ-Ψɨʅ ʙçɷ Ѡɾɔɪɾʌɘ, 1958, 459 ɪɪ., $8.50.

Ɔɤɵʅɾçɹɾ-Ɨdɵʙʅ Çɘʌ Ɔɤɵʅɛbɾʌ. Ɣ ʌɹɸɛʅɾɸ ɾʙ ɣɪʙ ƿɨʅɔ ɪ6 Ψɹɸɔɘʌ Ç. Ɔɾʅɾɸ, ɸɵ ɷɾʌ ɘ ʜɵʙɹʅ Ꞁɸɸ6 ɪʌ 1946 ƿɵɸ ɸɪ6 ɷɾɸɷ ɪʌ ɣ ƿɘʅd ɾʙ çɾʌɹʅɨɷʙ. Ɣ ɔɹsɾɸɔɾʌʅ ɾʙ X-ɸɛ doʙ ɪʌ ɸɹʌʅɷ́ɾʌ6 ɹʌd ɣ doʙ ɸɾɷɷɸɾɸd ʅɷ dɾʙɾʅ ɣ ʙʅʙʌʅɛʌɘɾʙ ɔɤɵʅɛbɾʌ ɸɛʅ ɪʌ Drosophila ɹʌd ɔɸʙ ʙɸ dɪʙɷɾʙʅ. Ɣ ɔɹɷ́ʌʅɵd ɹʌd ɔɘɪɴ ɾʙ ɪɾɸɔɪʙɾʙɾʅ dɵʙɾ6 ɾʙ ɸɸ-ɹɾɸçɘ ɸɛdɘɛbɾʌ ʙɸ dɪʙɷɾʙʅ. Ɍɣɾɸ ɔɤɵʅɾçɹɪɷ ɛçɾʌʅʙ (ɾʅɸɾʙɸɾʅɾʅ ʅɸʅ ɹʌd ɷɹɔɪɷɾʅ ʙɾʙʙʅɾʌʙɾ6) ʙɸ dɪʙɷɾʙʅ, ɷɾʌɷʅɵdɪɴ ɷɪɣ ɷʙɔɹʌʅʙ ɵʌ ɣ ɪɔɪɵɸʅɾʌʙ ɾʙ çɘʌ ɔɤɵʅɛbɾʌ ɪʌ ɣ ʅɸɹ6ɾʌʅ ɹʌd ƿɤɵcɾɸ.

ʙɾʅɹɷbɾʌ, Çɾʌɹʅɨɷ Ɑɹʅ ɹʌd Çɾʌɹʅɨɷ Φɛdɘɛbɾʌ Ɑɹɔɾç. Ɣ ʌɹɸɛʅɾɸ ɾʙ ɣɪʙ ƿɨʅɔ ɪ6 Lɘɾdobɾʙ Ɑɘʙsɘɴʙɷɘ, ɣ ɷɵʙʅɾɸ ɾʙ ɣɪʙ ʙçɷʅɾʅ. Çɾʌɹʅɨɷ dɹʅ ɪ6 dɪʙɷɾʙʅ ɪʌ dɘʅɛʅ, ɹ6 ʙɸ ɪɷ́ɹɹɔɪɾʅ6 ɾʙ ɸɵ́ çɾʌɹʅɨɷ ʅod6 ʙɸ cɛʌçd ʙɾʙʙɾɷɷɾʌʅ ʅɷ ɸɛdɘɛbɾʌ ɪɷʙʅɔsɾɸ. Ψɷɸɾʅ ʅʅ ɪ6 çɹʌɾɸɾʅɘ ɾɷ́ɸɘd ɣɹʅ ɣ ɷ́ɸɛʅ ɔɾçɵɸɪʅɘ ɾʙ ɔɤɵʅɾʌʅʙ ʙɸ ɸɘɸɔɾʅ ɸɷɹʌ ɸɵɔɵ6ɸɷ́ɾʙ, ɔɵɸ ɹʙɪdɾʌʙ ɪ6 ʌɹdɾd ɾʙɘ́ʅ ɣ ʙɹʌɾƿɪbɾʅ ɹʌd dɹʅɸɪɔɹʌʅɾʅ ɪƿɹɷʅʙ ɾʙ ɔɤɵʅɾʌʅʙ ɸɷɹʌ ɸɹʅɾɸɵ6ɸɷ́ɾʙ. Ɨʌ ɣ ɷɛʙ ɾʙ ʙɪɷɾʅ ʙɹʅ ɾʌɘɔɘɾ, ɸɹʅɾɸɾ6ɸɷ́ɵʅʙ ʙɸ ɾdɹɪʅɪʙʅɘ ʙɾɪɪɸɘɾɸ ʅɷ ʌɵɸɔɾʅ ɸɵɔɵ6ɸɷ́ɵʅʙ. Ɣɪʙ ɔɛɷʙ ƿɵɸ ʙɹʅɾʌʙʅ ɪɵʅɘɔɵɸƿɪ6ɔ, ʙɸ ɸɷɪc ɘ çɘʌ ɪ6 ɸɾʅɛʌd ɪʌ ɣ ɪɘɪɤɾʅɛbɾʌ dɾʙɪɸʅ ʅʅʙ ʅɘʅɹʅʅʅɘ ɸɷɹʌ ɸɵɔɵ6ɸɷ́ɾʙ ʙɾɷɾ6 ɾʙ ɣ ɾdʙɹʌʅɾç ʅʅ ɷɾʌƿɾɸ6 ɸɷɹʌ ɸɹʅɾɸɵ6ɸɷ́ɾʙ.

Çɘʌ ʙʅɸɾɷcɾɸ ɹʌd Çɘʌ Ⅎɷbɾʌ. Ɣ ʅɹɷcɾɸɾɸ ɾʙ ɣɪʙ ƿɨʅɔ ɪ6 Ç. Ѡ. ʙɘdɾʅ ɾʙ Ѡɵɸʌʅʅ Vɵʌʙɾɸʙʅɘ. Ɣ Ѡɘʅʙɾʌ-Ѡɸɪɷ ʙʅɸɾɷcɾɸ ɾʙ Ɑʜⅎ⅃ ɪ6 dɪʙɷɾʙʅ ɪʌ ʅɾɸɔ6 ɾʙ ɔɤɵʅɛbɾʌ. ʙɹʙɾɸʅ ʅɹʙʅʙ ɾʙ ɣ cɛʌ ʙɹɪɾɸɛbɾʌ ɸɸɪɘʅɾʙɪʙ ƿɵɸ Ɑʜⅎ⅃ ɸɹɪʅɨɷɛbɾʌ ʙɸ dɾʙɷɸɸʙd (ɪɷʙɪɹɸɪɔɾʌʅʙ ɷɪɣ ɸɹʙɘ Ɑʜⅎ⅃, ɸɛdɘɵɹɷʅɪʙ ɷɸɵɔɾʙɵɔ6, ɹʌd ɣ ɸɹɪʅɨɷɛbɾʌ ɾʙ Ɑʜⅎ⅃ in vitro). Ɣɪʙ ɷɾɸɷɪɴ ɸɸɪɘʅɾʙɪʙ ɪ6 ʅɸɾ6ɹʌʅɾd: Ɣ ɷɵdɾd ɪʌƿɾɸɔɛbɾʌ ɪʌ Ɑʜⅎ⅃ ɪ6 ʅɸɹʌʙƿɾɸd ʅɷ Φʜⅎ⅃, ɸɷɪc ʙɾɸʙ6 ɹ6 ɘ ʅɹɔʅʅɛʅ ƿɵɸ ɪɵʅɘɪɹʅʅɸd ʙɪʌʅɾʙɾʙ.

www.ingramcontent.com/pod-product-compliance
Lightning Source LLC
Chambersburg PA
CBHW070516220526
45467CB00002B/686
* 9 7 8 1 7 1 6 8 5 2 0 5 3 *